Wafaa Sallam
Alaa Roshdy

Aspectos da biologia de alguns caranguejos nadadores das águas do Egito

Wafaa Sallam
Alaa Roshdy

Aspectos da biologia de alguns caranguejos nadadores das águas do Egito

ScienciaScripts

Cover image: www.ingimage.com

This book is a translation from the original published under ISBN 978-3-659-82122-6.

Publisher:
Sciencia Scripts
is a trademark of
Dodo Books Indian Ocean Ltd. and OmniScriptum S.R.L publishing group

120 High Road, East Finchley, London, N2 9ED, United Kingdom
Str. Armeneasca 28/1, office 1, Chisinau MD-2012, Republic of Moldova, Europe
Printed at: see last page
ISBN: 978-620-8-32020-1

ÍNDICE DE CONTEÚDOS

ALGUNS ASPECTOS BIOLÓGICOS DO CARANGUEJO PORTUNÍDEO *CHARYBDIS NATATOR* DO GOLFO DE SUEZ, MAR VERMELHO

RESUMO

A população do caranguejo portunídeo *Charybdis natator* no Golfo do Suez, Mar Vermelho, foi estudada por amostragem mensal de setembro de 2007 a maio de 2008. Os caranguejos foram sexados, medidos e as fêmeas de berço registadas. Obteve-se um total de 498 indivíduos, dos quais 232 (46,6%) eram machos, 212 fêmeas não ovígeras (42,5%) e 54 (10,9%) fêmeas ovígeras. A proporção geral entre os sexos (M:F) foi de (1:1.1) e as fêmeas superaram as fêmeas durante setembro-novembro. A população apresentou diferenças entre os sexos na distribuição das frequências de tamanho, com os machos a atingirem tamanhos maiores do que as fêmeas (70-148,4mm e 47,5-130,5mm CW, respetivamente). As fêmeas ovígeras existiram durante todo o ano e o seu tamanho variou entre 83-118,4mm CW. A fecundidade variou de 45230 a 335529 ovos por fêmea e foi positivamente correlacionada com o tamanho do corpo. Foi discutida a eficácia do período de defeso que decorre no Golfo do Suez na população de *C. natator*.

Palavras-chave: *Charybdis natator,* caranguejo portunídeo, Mar Vermelho.

INTRODUÇÃO

O caranguejo portunídeo *Charybdis natator* (Herbst, 1789) é uma espécie muito difundida no Pacífico Indo-Ocidental. Está distribuído ao longo da África Oriental, Madagáscar, Mar Vermelho, Índia, China, Japão, Filipinas, Tailândia, Malásia, Singapura, Indonésia e Austrália (Stephenson *et al.,* 1958; Dai *et al.,* 1986; Dai & Yang, 1991). Embora não suporte uma grande pescaria em nenhuma área da sua distribuição, contribui para a pesca do caranguejo na Índia (Menon, 1952), Austrália (Sumpton, 1990a) e Taiwan (Lui *et al.,* 2007). Nestas zonas, o caranguejo azul mais comum, *Portunus pelagicus* (Linneaus, 1758) e o caranguejo da lama, *Scylla serrata* (Forskall, 1775) são mais importantes do ponto de vista comercial (Sumpton, 1990a). Nas águas egípcias do Mediterrâneo, a biologia de *P. pelagicus* foi amplamente estudada (Al-Kholy e El-Hawary, 1970; Abdel-Razek, 1988; Bawab e El-Sherif, 1988), assim como no Mar Vermelho (Zaghloul, 2003) e noutras partes do mundo (Batoy *et al.*, 1987, 1988, Kangas, 2000, Wang *et al.,* 2001). Do mesmo modo, a biologia da *Scylla serrata* está igualmente bem documentada (Hill, 1980; Hill *et al.,* 1982, Hyland *et al.,* 1984; Heasman *et al.,* 1985).

Por outro lado, pouco se sabe sobre a biologia e a história de vida de *C. natator.* Sumpton (1990 a, b) estudou a biologia reprodutiva e a pesca desta espécie na Baía de Moreton, Austrália, enquanto Islam *et al.* (2000) descreveram o desenvolvimento de larvas criadas em laboratório. Nas costas setentrionais do Mar Vermelho, este caranguejo existe nas capturas dos arrastões que operam no Golfo do Suez e sustenta uma pequena pescaria. As quantidades pescadas são introduzidas nos mercados da cidade de Suez juntamente com a espécie comercial *P. pelagians*, mas recebem pouca atenção dos consumidores (Sallam e Gab-Alla, 2009).

Apesar do período de defeso que decorre de junho a agosto na região do golfo de Suez, foram obtidas amostras de *Charybdis natator* durante os restantes meses do ano.

Este facto permitiu documentar as caraterísticas da população desta espécie no golfo, incluindo a proporção entre os sexos, a época de desova, as relações biométricas e a fecundidade das fêmeas. Este artigo apresenta estes dados e compara a biologia de *C. natator* com a de outros portunídeos.

MATERIAIS E MÉTODOS

Recolha e tratamento de amostras:

Os arrastões partem do porto de El-Ataka, no Suez, em direção ao Golfo do Suez. São efectuadas três viagens de pesca por mês, cada uma com uma duração de 4 a 10 dias. As operações de pesca têm início na zona em frente ao porto de Ras Ghareb. A pesca de arrasto é efectuada a uma profundidade de 110-130 m. De setembro de 2007 a maio de 2008, foram efectuadas visitas mensais ao local de desembarque no porto de El-Ataka. As amostras de *Charybdis natator* foram obtidas a partir das capturas dos navios de arrasto. Os caranguejos foram sexados, pesados numa balança eléctrica (±1g) e a largura (CW) e o comprimento (CL) da carapaça foram medidos ao milímetro mais próximo com um compasso de calibre vernier. O estádio de maturação dos ovários das fêmeas foi examinado e anotado de acordo com a cor dos ovários (Chu, 1999). Foram reconhecidos quatro estádios: estádio I (imaturo), incolor; estádio II (em maturação), branco a marfim; estádio III (maduro), amarelo a laranja amarelado; e estádio IV (maduro), laranja. A incidência de fêmeas grávidas também foi registada. Para estimar a fecundidade, foi retirada uma subamostra dos ovos incubados das fêmeas ovígeras, pesada e contado o número de ovos. Os restantes ovos foram retirados dos pleópodes e posteriormente pesados numa balança sensível (±0,001g) e o número de ovos calculado. A análise estatística foi efectuada segundo Zar (1984).

RESULTADOS

Estrutura da população:

Foi obtido um total de 496 indivíduos de *C. natator*, dos quais 232 (46,8%) eram machos, 212 fêmeas não ovígeras (42,7%) e 52 (10,5%) fêmeas ovígeras. A distribuição da largura da carapaça de ambos os sexos é apresentada na figura 1. A população apresenta diferenças entre os sexos na distribuição das frequências de tamanho, com os machos a atingirem tamanhos maiores do que as fêmeas (70 -148,4mm e 47,5-130,5mm CW, respetivamente). Os machos eram em média (106,3 mm CW, n=232, SD = 19,6) maiores do que as fêmeas não ovígeras (99,3 mm CW n= 212, SD= 13,5) e as fêmeas ovígeras (101,9 mm CW n= 54, SD = 10,9). Todas as categorias demográficas estavam presentes, exceto os recrutas. Os grupos de tamanho pequeno (45-55, 55-65 mm CW) foram constituídos predominantemente por fêmeas. Um pequeno número de fêmeas excedeu 130 mm, enquanto vários machos eram maiores do que este tamanho. A classe de tamanho variou entre 95-205 mm para os machos e 105-115 mm para as fêmeas. O rácio geral entre os sexos (machos: fêmeas) foi de (1:1.1) (fig. 2).

As fêmeas foram mais numerosas do que os machos durante a maior parte do ano, mas houve uma predominância de machos durante setembro-novembro. O rácio foi insignificantemente diferente do esperado 1:1 ($X^2 = 2.06$, $P < 0.01$).

Relações biométricas:

As relações entre o peso húmido (WWT) e a largura da carapaça (CW) para os machos e as fêmeas são apresentadas na figura 3. As equações de regressão obtidas para estas relações foram: ln WWT = 2.9771 ln CW - 8.2976 ($r^2 = 0.89$, $P < 0.05$) para os machos e ln WWT = 3.064 ln CW - 8.9071 ($r^2 = 0.79$, $P < 0.05$) para as fêmeas. A análise de covariância indicou diferenças significativas nas equações dos dois sexos (t= 7,187, $P < 0,05$). A Figura 4 apresenta as relações entre a largura da carapaça e o comprimento da carapaça (CL) para machos e fêmeas. As equações de regressão obtidas para estas relações foram: CL = 0,6607CW + 1,3356 ($r^2 = 0,97$, $P < 0,05$) para machos e: CL = 0,6451CW + 3,175 ($r^2 = 0,98$, $P < 0,05$) para as fêmeas. A análise de covariância revelou que os declives da regressão diferiram significativamente entre os dois sexos (t= 5,158, $P < 0,05$).

Sazonalidade da desova:

As variações mensais dos diferentes estádios de maturação das fêmeas *de C. natator* são apresentadas na figura 5. Verifica-se um período de atividade gonadal das fêmeas que vai de novembro de 2007 a março de 2008, durante o qual as fêmeas em fase de maturação e maduras existem em percentagens elevadas. Seguiu-se uma fase de repouso que, aparentemente, atravessa o período de defeso (abril e maio), em que as fêmeas com ovários imaturos e pouco desenvolvidos apresentaram as percentagens mais elevadas. As fêmeas ovígeras que tinham ovários em desenvolvimento ou maduros foram observadas em quase todos os meses, mas a sua percentagem diminuiu entre novembro e fevereiro (Fig. 6).

Tamanho na maturidade sexual:

Das 264 fêmeas examinadas, 182 eram sexualmente maduras. A relação entre a largura da carapaça (CW) e a proporção de fêmeas maduras (*P*) por classes de tamanho de 10 mm foi calculada através do ajustamento de uma função logística aos dados de maturidade específicos do tamanho das fêmeas, do seguinte modo

$$P = \frac{1}{(1 + e^{(3.1825 - 0.0435CW)})} \quad (r^2 = 0.8, P < 0.05)$$

A partir daí, o tamanho estimado para as fêmeas sexualmente maduras foi de 73,2 mm CW (Fig.7).

Fecundidade:

O número estimado de ovos nas massas de ovos de fêmeas com tamanhos compreendidos entre 83 e 118,4 mm de comprimento de carapaça foi muito variável. As estimativas variaram entre 45230 ovos para uma fêmea com 83 mm de largura de carapaça e 335529 ovos para uma fêmea com uma largura de carapaça de 118,4 mm. A relação entre a fecundidade e a largura da carapaça foi a seguinte Log número de ovos = 5,3962 log CW - 12,815 ($r^2 = 0,89$, $P < 0,05$, N = 52) (Fig.8).

DISCUSSÃO

Uma grande variedade de tamanho do caranguejo *Charybdis. natator* na pesca de arrasto do Golfo de Suez, variando entre 47 e 148,5 mm CW, foi registada durante o presente estudo. Esta gama de tamanhos é ligeiramente maior do que a registada para *C. natator* em Moreton Bay, Austrália (Sumpton, 1990b). A população que apoia a pesca no Golfo do Suez é constituída exclusivamente por indivíduos de grande porte e não foram registados juvenis. Não é certo que a população mais jovem desta espécie não esteja de todo representada nas zonas de arrasto ou que escape à captura pelas redes de arrasto enquanto coexiste com os adultos. Padayatti (1990) registou a ausência de juvenis *de C. feriatus* na pesca de arrasto em Cochim e excluiu a possibilidade da sua existência nos mesmos pesqueiros devido à presença de juvenis de outras espécies nas capturas. Por outro lado, os juvenis *de C. natator* podem não ter uma vida bentónica, como acontece com a maior parte dos caranguejos braquiúros. Este fenómeno foi registado para o caranguejo de profundidade *C. smithii* no mar Arábico e na baía de Bengala (Balasubramanian & Suseelan, 2001). Um estudo dos desembarques de caranguejos pelas artes locais que operam no Golfo do Suez poderia esclarecer a disponibilidade da população juvenil desta espécie.

Os machos *de C. natator* atingem um tamanho maior do que as fêmeas, como evidenciado pela maior classe de tamanho, 145-155 mm CW, constituída quase inteiramente por machos. Este resultado está de acordo com o padrão geral dos caranguejos braquiúros. A diferença de tamanho entre os sexos foi observada nalgumas espécies de *Charybdis* (Sumpton; 1990b; Padayatti, 1990; Balasubramanian & Suseelan,

2001), bem como noutros caranguejos braquiúros (Zaghloul, 2003, Bas, *et.al.*, 2005, Hirose & Negreiros- Fransozo, 2008, Hartnoll, 2009). Kuhlmann e Walker (1999) afirmaram que a estrutura de tamanho é frequentemente variável numa espécie e pode estar sujeita a influências ambientais. Foi igualmente referido que a disponibilidade de recursos afecta a abundância e a estrutura de tamanhos dos organismos, uma vez que influencia o crescimento, a reprodução e a sobrevivência (White, 1978). Hartnoll (1982) explicou que, em geral, nos caranguejos, os machos atingem um tamanho maior, uma vez que as fêmeas gastam mais recursos na reprodução, em detrimento do crescimento.

A proporção entre os sexos de *C. natator* no Golfo de Suez foi tendenciosa para as fêmeas durante quase todo o ano, mas os machos predominaram entre setembro e novembro, altura em que se verificou que a reprodução estava a começar. Foi registado um padrão semelhante para as fêmeas *de C. bimaculata* na Baía de Tóquio (Doi *et.al,* 2008), que foi atribuído à migração associada à reprodução durante a época de reprodução. Silas (1969) registou capturas exclusivas de *C. smithii* monossexuadas em Cochin e indicou a existência de segregação sexual pelo menos durante algumas estações. Os desvios da proporção entre os sexos nas populações de caranguejos implicam geralmente diferenças sexuais em termos de longevidade (taxa de sobrevivência), migração, taxa de crescimento e mesmo inversão dos sexos (Wenner, 1972).

O padrão de desova das fêmeas indica que *C. natator* do Golfo do Suez desova durante todo o ano. A época de reprodução é prolongada, começando em março e terminando em setembro.

A ocorrência de ovários em desenvolvimento e maduros na maioria das fêmeas ovígeras sugere a ocorrência de ninhadas sequenciais. A mesma tendência foi observada para *Portunus pelagicus* que habita a mesma região (Zaghloul, 2003) e para outras espécies de *Charybdis* noutras partes do mundo, *C. feriatus* nas águas do sudoeste da Índia (Pillay e Nair, 1973) e *C. bimaculata* na Baía de Tóquio (Doi *et al,* 2008). No entanto, *C. natator* nas águas subtropicais da Baía de Moreton, Queensland, teve dois grandes picos de desova e uma baixa percentagem de fêmeas com gónadas não desenvolvidas, o que indica que esta espécie não desova durante todo o ano (Sumpton, 1990b). Na Baía de Ubatuba, Brasil, as fêmeas ovígeras de *C. helleri* estavam presentes durante a maior parte do ano, com um pico de atividade de desova durante o inverno. Pillay e Nair (1973) afirmaram que a reprodução em crustáceos tropicais se estende por vários meses do ano, com uma atividade pronunciada durante certos meses. Uma época de reprodução prolongada pode mostrar que os indivíduos de uma espécie se reproduzem de forma assíncrona, ou seja, alguns estão nas primeiras fases de maturação enquanto outros já estão gastos (Giese, 1959).

As fêmeas atingiram a maturidade sexual aos 73,2 mm CW. Balasubramanian e Suseelan (1998) registaram um tamanho de maturidade de 50% para as fêmeas *de C. smithii* de 48,7 enquanto as de *C. bimaculata* atingiram a maturidade de 14,6 mm (Doi *et al,* 2008). Entre os factores ambientais que influenciam o tamanho na maturidade, destacam-se a temperatura da água (Somerton, 1981), o fotoperíodo (Hines, 1989) e os recursos alimentares para o desenvolvimento das larvas (Mantelatto, 2000). O peso corporal apresentou dimorfismo sexual, aumentando relativamente mais rápido nos machos, o que provavelmente está associado ao aumento dos quelípedes dos machos, como relatado para outras espécies *de Charybdis*, *C. affinis* (Chu, 1999) e *C. bimaculata* (Doi *et al.*, 2008).

A fecundidade estimada para *C. natator* na área de estudo foi de 45230-335.529 ovos por lote para uma largura de carapaça de 83-118,4 mm CW. Esta estimativa foi muito menor do que a registada para a mesma espécie na Baía de Moreton (181 230976 248 (100-117 mm CW) (Sumpton, 1990b), mas dentro do intervalo relatado para outros *C. feriata* (52000- 310 000) (67-112,1 mm CW; Padayatti, 1990). Os resultados actuais indicam uma boa relação linear entre o tamanho do corpo e o tamanho do lote. A fecundidade comparativamente mais baixa do *C. natator* do que a de outros portunídeos comerciais na baía de Moreton não está relacionada com a pesca limitada desta espécie, uma vez que a competição interespecífica, o habitat e os parâmetros ambientais influenciam a distribuição e a abundância dos caranguejos (Sumpton, 1990b). Assim, a pequena população de *C. natator* que sustenta a pesca de arrasto no golfo de Suez deve-se provavelmente à competição interespecífica. Sumpton (1990a) referiu que a presença de *C. natator* numa armadilha reduz a existência subsequente da espécie *Portunus pelagicus*, mais importante comercialmente, devido à interação agonística.

Os períodos de defeso são muitas vezes impostos durante o período de reprodução das espécies-alvo, na convicção de que tal aumentará o sucesso reprodutivo. O encerramento da pesca durante o período de reprodução é eficaz apenas para as espécies que são propensas a perturbações ou agregados para se reproduzirem ou quando usado como um meio de reduzir a mortalidade anual por pesca (Arendse *et.al,* 2007).

Por conseguinte, o período de defeso atualmente em vigor na região do Golfo do Suez não é necessariamente eficaz no caso da população de *C. natator*, uma vez que as fêmeas se reproduzem durante todo o ano, mas a sua aplicação melhoraria, em geral, o rendimento reprodutivo desta espécie. Este caranguejo comestível é considerado um novo recurso para a região do golfo (Sallam & Gab-Alla, 2009). A menos que se considerem as implicações para a conservação, poder-se-á prever uma possível pressão da pesca sobre esta população, tendo em conta o desaparecimento de grandes indivíduos devido à pesca não regulamentada. Serão necessários mais trabalhos para compreender melhor a história de vida desta espécie, o que será vital aquando da aprovação de regulamentos para a exploração adequada deste recurso.

REFERÊNCIAS

Abdel-Razek, F.A. (1988). Alguns estudos biológicos sobre o caranguejo egípcio *Portunus pelagicus* (Linnaeus, 1766). Ata Adriat., 29 (1/2): 133-143.

Al-Kholy, A.A. e El-Hawary, M.M. (1970). A biologia de *Lupa pelagica* (Linnaeus). Biol. Inst. Ocean. Fish, 1:397-423.

Arendse, C., Govender, J. A. e Branch, G. M. (2007). As épocas de pesca fechadas são um meio eficaz de aumentar a produção reprodutiva? Uma simulação por recruta usando a lapa *Cymbula granatina* como um caso histórico. Fish. Res., 85 93-100.

Balasubramanian, C.P. e Suseelan, C. (2001). Distribuição e estrutura populacional do caranguejo de profundidade *Charybdis smithii* (Decapoda: Portunidae) no Mar Arábico e na Baía de Bengala. Bull. Mar. Sci., 68(3): 435-449.

Bas, C., Luppi, T. e Spivak, E (2005). Estrutura populacional do caranguejo estuarino sul-americano, *Chasmagnathus granulatus* (Brachyura: Varunidae) perto do limite sul da sua distribuição geográfica: comparação com populações do norte. Hydrobiologia, 537, (1-3), 217-228.

Batoy, C.B., Sarmago, J.F. e Pilapil, B.C. (1987). Época de reprodução, maturidade sexual e fecundidade do caranguejo-azul *Portunus pelagicus* (L.) em águas costeiras selecionadas em Leyte e arredores, Filipinas. Ann. Trop. Res., 2: 157-177.

Batoy, C.B., Pilapil, B.C. e Sarmago, J.F. (1988). Composição do tamanho, distribuição, relação comprimento-peso e alimento natural do caranguejo azul *Portunus pelagicus* (L.) em águas costeiras selecionadas em Leyte e arredores, Filipinas. Ann. Trop. Res., 10(3/4): 127-142.

Bawab, F.M. e El-Sherif, S.S. (1988). Fases do ciclo reprodutivo da fêmea do caranguejo *Portunus pelagicus* (L., 1758) com base nas alterações anatómicas da espermateca. Crustaceana, 54:139-148.

Chu, K.H. (1999). Análise morfométrica e biologia reprodutiva do caranguejo *Charybdis affinis* (Decapoda, Brachyura, Portunidae) do estuário de Zhujiang, China. Crustaceana, 72: 647-657.

Dai, A. Y., Yang, S. L., Song Y. Z. e Chen, G. X. (1986). Crabs of China Seas. China Ocean Press, Pequim, 568 pp., pls. 1-74.

Dai, A. Y. e Yang, S. L. (1991). Crabs of China Seas. China Ocean Press, Pequim, 608 pp., pls. 1-74.

Doi, W.; Yokota, M.; Stussmann, C.A. e Watanabe, S. (2008). Crescimento e reprodução do caranguejo portunídeo *Charybdis bimaculata* (Decapoda: Brachyura) na

Baía de Tóquio. J. Crust. Biol., 28 (4): 641-651.

Giese, A.C. (1959). Fisiologia comparativa: ciclos reprodutivos anuais de invertebrados marinhos. A. Rev. Physiol., 21: 547-576.

Hartnoll, R. G. H. (1982). Growth, pp. 119-116. In, D. E. Bliss e L. G. Abele (eds.), The Biology of Crustacea. Vol. 2. Embryology, Morphology and Genetics. Academic Press, Nova Iorque.

Hartnoll, R. G. H. (2009). Estrutura populacional do caranguejo terrestre *Johngarthia langostoma* na Ilha da Ascensão. J. Crust. Biol., 29(1): 57-61.

Heasman, M.P.; Fielder, D.R. e Shepherd, R. K. (1985). Acasalamento e desova do caranguejo da lama *Scylla serrata* (Forskâll) (Decapoda: Portunidae). Aust. J. Mar. Freshwat Res., 36: 773-783.

Hill, B. J. (1980). Efeito da temperatura na alimentação e atividade de *Scylla serrata*. Mar. Biol., 59:189-192.

Hill, B. J; Williams, M. J. e Dutton, P. (1982). Distribution of juvenile, subadult and adult *Scylla serrata* (Crustacea: Portunidae) on tidal flats in Australia. Mar. Biol., 69:117-120.

Hines, A. H. (1989). Geographic variation in size at sexual maturity in brachyuran crabs. Bull. Mar. Sci,. 45 (2): 356-368.

Hirose, G L. e Negreros-Fransozo, M. L. (2008). Biologia populacional de *Uca maracoani* Latreille 1802-1803 (Crustacea, Brachyura, Ocypodidae) na costa sudeste do Brasil. Pan-Amer. J. Aquat. Sci,. 3(3): 373-383.

Hyland, S. J. Hill, B. J. e Lee, C. P. (1984). Movement within and between habitats by the portunid crab *Scylla serrata*. Mar. Biol., 14: 104-110.

Islam, Md. S., Shokita, S. e Higa, T. (2000). Desenvolvimento larvar do caranguejo nadador *Charybdis natator* (Crustacea: Brachyura: Portunidae) criado em laboratório. Sp. Div., 5: 329-349.

Kangas, M. I. (2000). Sinopse da biologia e exploração do caranguejo-azul *Portunuspelagicus* Linnaeus na Austrália Ocidental. Fish. Res. Rep., 121: 1-22.

Kuhlmann, M. L. e Walker, R. E. (1999). Variação geográfica na estrutura de tamanho e tamanho na maturidade do caranguejo *Pilumnus sayi* (Crustacea: Decapoda: Xanthidae) no norte do Golfo do México. Bull. Mar. Sci., 64 (3): 535-541.

Lui, K. K.Y. Ng, J.S.S e Leung, K. M.Y. (2007). Spatio-temporal variations in the diversity and abundance of commercially important Decapoda and Stomatopoda in subtropical Hong Kong waters. Est., Coast. Shelf. Sci., 72 (4), p: 635-647.

Mantelatto, F.L.M. (2000). Alocação do caranguejo portunídeo *Callinectes ornatus* (Decapoda: Brachyura) na Baía de Ubatuba. Litoral Norte do Estado de São Paulo, Brasil. Crust. Issues 12:431-443.

Menon, M.K. (1952). A note on the bionomics and fishery of the swimming crab *Neptunus sanguinolentus* (Herbst) on the Malabar coast. J. Zool. Soc. India, 4: 177184.

Padayatti, P.S. (1990). Notas sobre as caraterísticas da população e a biologia reprodutiva do caranguejo portunídeo *Charybdis feriatus* (Linnaeus) em Cochin. Indian. J. Fish, 37 (2): 155-158.

Pillay, K. K. e Nair, N. B. (1973). Observações sobre as alterações bioquímicas nas gónadas e noutros órgãos de *Uca annulipes*, *Portunus pelagicus* e *Metapenaeus affinis* (Decapoda: Crustacea) durante o ciclo reprodutivo. Mar. Biol., 18, 167-198.

Sallam, W. S. and Gab-Alla, A. A. (2009) Edibility assessment of the portunid crab *Charybdis natator* (Brachyura: Portunidae) from the Gulf of Suez, Red Sea, Egypt. Egito. J. Aquat. Biol. Fish.13, (1): 43-54.

Silas, E.G. (1969). Pesca exploratória por RV Varuns. Bula. Cent. Mar. Fish. Res. Inst. Cochin, Índia, 12: 1-86.

Somerton, D.A. (1981). Regional variation in the size of maturity of two tanner crabs (*Chionoecetes bairdi* and *Chionoecetes opilio*) in Bering Sea, and its use in defining management sub-areas. Can. J. Fish. Aquat. Sci., 37: 163-174.

Stephenson, W. Hudson, J. J. e Campbell, B. (1958). The Australian Portunidae (Crustacea: Portunidae). II. O género *Charybdis.* Aust. J. Mar. Freshwat. Res., 8: 491-507.

Sumpton, W.D. (1990a). Crescimento morfométrico e biologia pesqueira do caranguejo *Charybdis natator*, (Herbst) em Moreton Bay, Austrália (Decapoda, Brachyura). Crustaceana 59 (2). 113-120.

Sumpton, W.D. (1990b). Biologia do caranguejo-das-rochas *Charybdis natator,* (Herbst) (Decapoda, Brachyura). Bull. Mar. Sci., 46 (2). 425-431.

Wang, H. Wu, H., Wang, Z., Wang, X. e Wang, Sh. (2001). Biologia pesqueira de *Portunus pelagicus* (L) iniciando investigação. Mar. Sci. Haiyang-Kexue, 25 (1): 3639.

Wenner, A. M. (1972). Sex ratio as a function of size in marine Crustacea. Amer. Natur., 106: 321-350.

White, T.C. R. (1978). A importância da escassez relativa de alimentos na ecologia animal. Oecologia, 33: 71-86.

Zaghloul, S.S. (2003). Estudos sobre a biologia reprodutiva e a criação de caranguejos portunídeos na Baía de Suez. Tese de doutoramento, Universidade do Canal do Suez, Egito. pp121.

Zar, J. H. (1984). Biostatistical analysis. Prentice Hall International, 718 páginas.

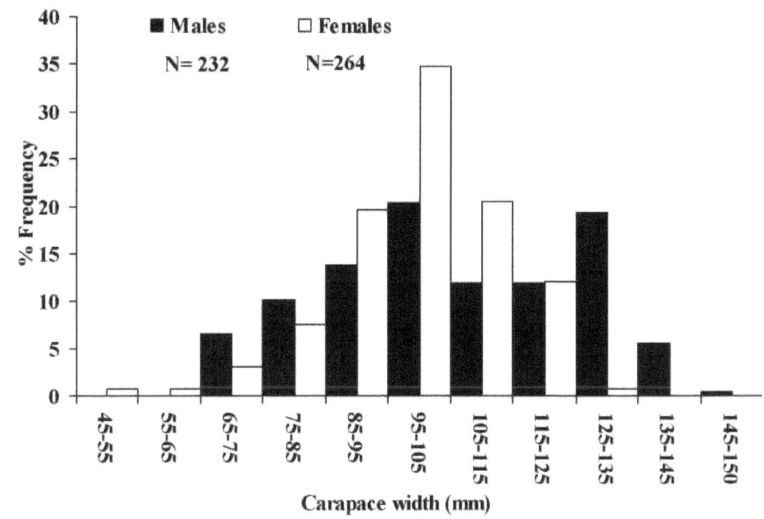

Fig. 1. Distribuição da frequência de comprimentos de machos e fêmeas *de Charybdis natator*. N= número de indivíduos.

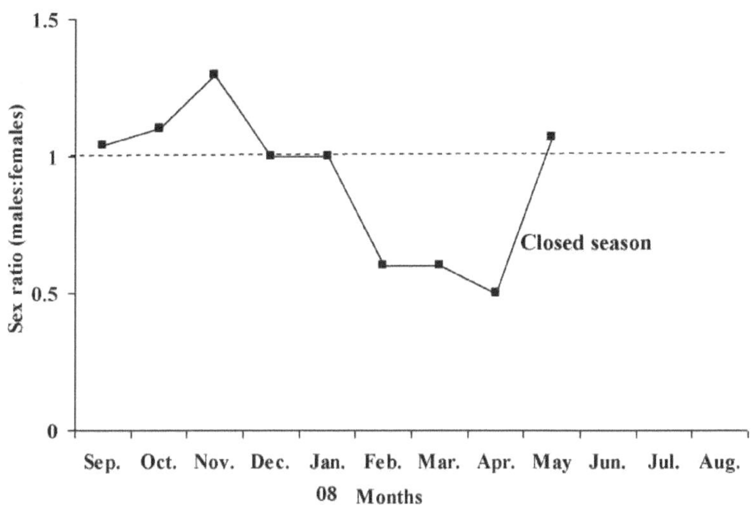

Fig. 2. Variações mensais do rácio entre os sexos de *Charybdis natator* no Golfo do Suez.

A linha a tracejado indica o rácio de 1:1 (machos: fêmeas).

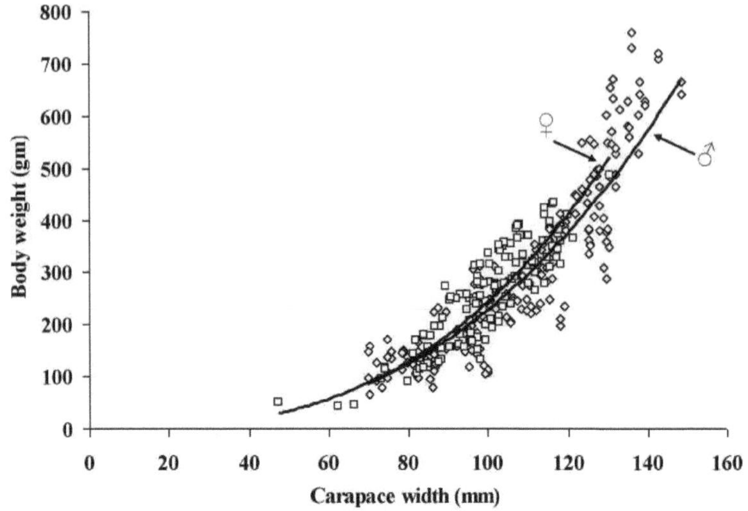

Fig. 3. Relações entre a largura da carapaça e o peso corporal total para machos e fêmeas *de Charybdis natator.*

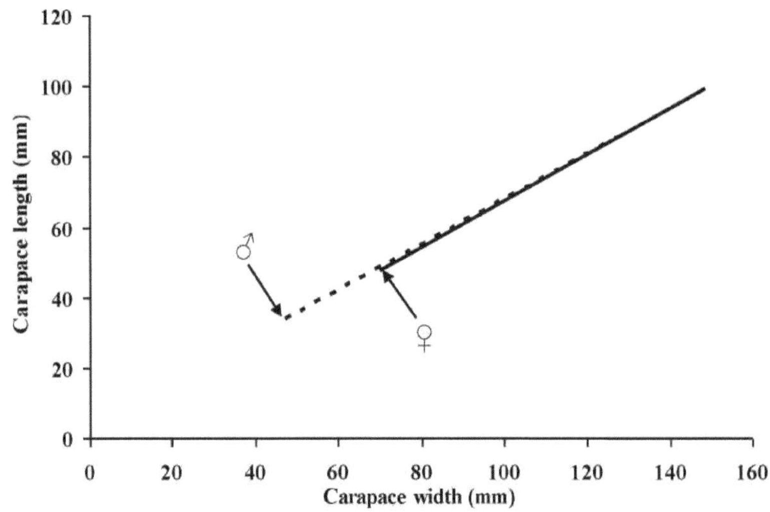

Fig. 4. Relações entre a largura e o comprimento da carapaça em machos e fêmeas *de Charybdis natator.* Linha tracejada para machos e linha sólida para fêmeas.

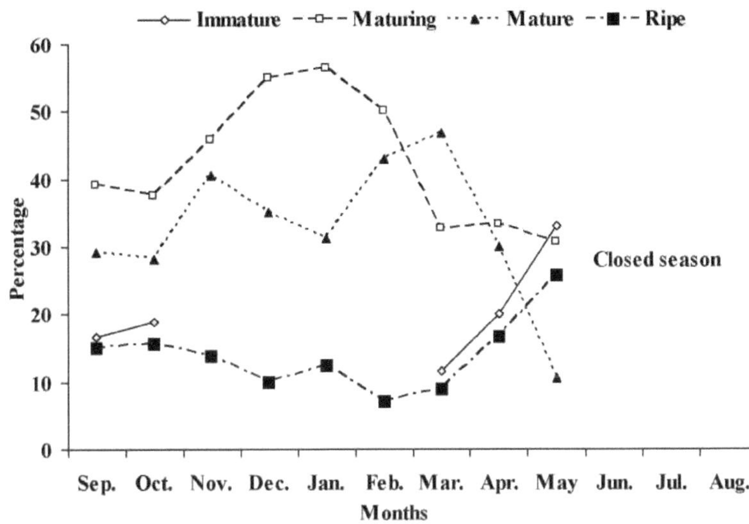

Fig. 5. Alterações no estado das gónadas das fêmeas *de Charybdis natator* em função dos diferentes estádios de maturação. Os números indicam as fêmeas em cada estádio.

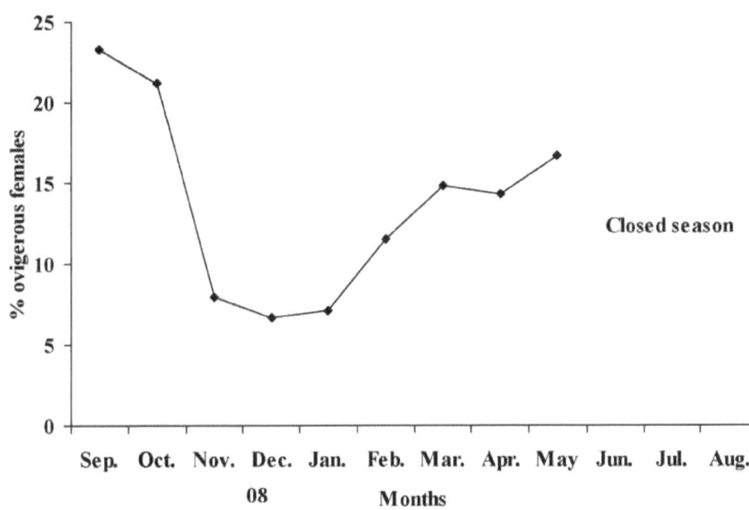

Fig. 6: Variações mensais das percentagens de fêmeas ovígeras *Charybdis natator* com ovários em desenvolvimento ou maduros.

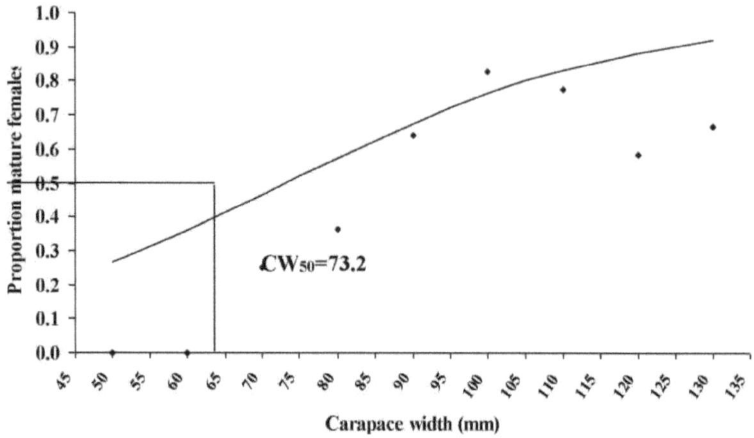

Fig. 7: Função logística que ajusta a proporção de fêmeas maduras *de C. natator* à largura da carapaça. É indicado o valor de CW_{50} que corresponde a uma proporção de 0,5.

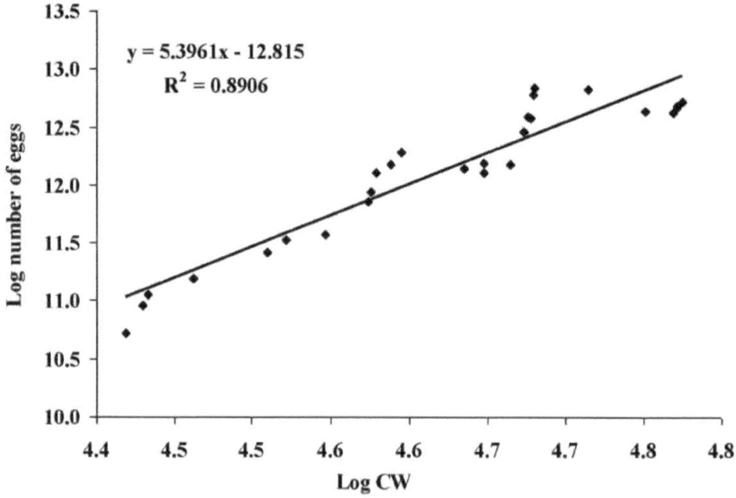

Fig. 8. Relação entre o logaritmo da largura da carapaça e o logaritmo da fecundidade das fêmeas *de Charybdis natator.*

RENDIMENTO EM CARNE DO CARANGUEJO DE CRISTA *CHARYBDIS NATATOR* (BRACHYURA: PORTUNIDAE) DO GOLFO DE SUEZ, MAR VERMELHO.

RESUMO

O caranguejo comestível *Charybdis natator* (Brachyura: Portunidae) está a ser capturado pelos arrastões do Golfo do Suez e introduzido no mercado do Suez em quantidades consideráveis, mas não tem popularidade entre os consumidores. O objetivo deste estudo foi avaliar a produção de carne desta espécie e sugerir métodos para a sua exploração adequada. Os espécimes foram recolhidos, selecionados por sexo, examinados quanto ao desenvolvimento das gónadas, pesados e medidos antes e depois de cozidos a vapor durante dez minutos. A quantidade de carne extraída das garras, dos pereópodes e do cefalotórax foi pesada e a percentagem de carne extraída foi calculada. Foram obtidos 47 machos e 37 fêmeas. Os machos eram maiores e mais pesados do que as fêmeas (77,7- 141,4 mm CW, 75,5-676,6g e 74,7121,0 mm CW, 75,2- 344,7g), respetivamente. A percentagem de carne recuperada dos quelípedes foi mais elevada do que a do cefalotórax e dos pereópodes, tanto nos machos como nas fêmeas (53,8%, 37,6%, 8,7% e 44,6%, 43,1%, 12,3%), respetivamente. A percentagem de rendimento em carne diminuiu com o desenvolvimento dos ovários das fêmeas. O estudo propõe o processamento da carne de *C. natator* como um método para a otimização da produção de carne deste novo recurso.

INTRODUÇÃO

A remoção da carne de caranguejo é uma atividade intensiva em muitos países como o Vietname, a China, os EUA, o Japão e o Canadá (FAO-East fish Project, 1996). As espécies de braquiúros mais importantes comercialmente pertencem à família Portunidae (géneros *Callinectes* e *Portunus);* os géneros *Cancer* (família Cancridae) e *Chionoecetes* (família Majidae) são mais explorados nos EUA e no Canadá. Os caranguejos portunídeos, em particular *Portunus pelagicus* e *Callinectes sapidus*, são um importante produto da pesca com carapaça (Brown, 1986, Gangar *et al.*, 1996) e a sua carne é utilizada como o principal marisco em muitos restaurantes de todo o mundo. A comercialização da carne de caranguejo era uma atividade de pesca lucrativa. A carne de caranguejo azul obtém normalmente bons preços no mercado devido ao seu elevado valor nutricional e ao seu fornecimento irregular (Qelik *et al.*, 2004). De acordo com Skonberg & Perkins (2002), a carne de caranguejo tem uma grande variedade de ácidos gordos polinsaturados que estão associados à redução da doença arterial coronária. Além disso, os portunídeos são considerados uma fonte ideal de proteínas e são utilizados como um bom suplemento em rações para animais (Haefner, 1985). Vários produtos de caranguejo portunídeo, incluindo o caranguejo de casca mole, a carne e as garras de cocktail são consumidos nos mercados dos EUA e em todo o mundo.

O principal problema na produção de carne de caranguejo é o processo de remoção da carne. No entanto, estudos sobre o rendimento da carne em braquiúros são raros na literatura. Esta informação poderia ajudar a desenvolver um processo de remoção de carne e melhorar a produção de carne de caranguejo à escala industrial. O consumo regular de carne de caranguejo é comum no Egito, particularmente nas zonas costeiras.

No entanto, a popularidade crescente dos produtos do mar levou à existência de uma procura forte e crescente de caranguejos.

O caranguejo portunídeo *Charybdis natator* (Herbst, 1789) faz parte das capturas comerciais do Golfo do Suez desde há cinco anos. Este caranguejo está a ser desembarcado em quantidades consideráveis no centro de pesca do Suez, juntamente com o *Portunus pelagicus* e outros crustáceos comerciais, como o camarão peneídeo. *O C. natator* não tem estimativas de pesca separadas, pelo que os seus dados de desembarque são incorporados nos de *P. pelagicus*. No entanto, na época alta (setembro-dezembro), a captura pode variar entre 2-10 kg/barco. Infelizmente, este caranguejo tem pouca popularidade entre os consumidores e está a ser descartado como captura acessória (Sallam e Gab-Alla, 2009). A aptidão do *C. natator* como marisco nutritivo, seguro e palatável foi estudada e verificou-se que ambos os sexos são igualmente ricos em proteínas e com baixo teor de metais (Sallam e Gab-Alla, 2009). A exploração inadequada deste recurso promissor é muito lamentável; devem ser envidados esforços para tirar partido desta fonte de proteínas desperdiçada. Uma opção recomendada era introduzi-lo nos mercados de forma transformada (Sallam e Gab-Alla, 2009); no entanto, parece ser necessária informação prévia sobre a percentagem de rendimento de carne deste caranguejo. O objetivo deste estudo é, portanto, avaliar o rendimento em carne do *C. natator*, relacioná-lo com o tamanho e o estado de maturidade do caranguejo, bem como sugerir métodos para a sua exploração adequada.

MATERIAIS E MÉTODOS

As amostras de *C. natator* foram recolhidas na baía de Al-Ataka, em Suez, em outubro de 2009. O local foi visitado e a quantidade total de caranguejos desembarcados (25 kg) foi recolhida e mantida refrigerada até ao processamento. Em primeiro lugar, foram lavados e selecionados por sexo, sendo depois pesados com uma balança de 0,01 gm e a largura da carapaça (LC) medida com um paquímetro Vernier, com uma precisão de milímetros. Em seguida, a carapaça foi ligeiramente levantada para examinar os ovários no seu lugar. O estádio de maturação dos ovários foi determinado de acordo com o tamanho e a cor da seguinte forma: estádio 1, imaturo: ovário pequeno, fino e branco pálido; estádio 2, em maturação: ovário razoavelmente grande e de cor amarela ténue; estádio 3, maduro: ovário grande e compacto, de cor laranja viva; estádio 4, maduro: ovário muito grande, de cor laranja viva a vermelha. As fêmeas ovígeras foram registadas. Os caranguejos foram cozinhados numa panela a vapor durante dez minutos sem qualquer aditivo e depois deixados arrefecer. A carne das garras, dos pereiópodes e do cefalotórax foi cuidadosamente retirada com uma espátula e uma pinça e pesada separadamente, sendo depois registados os pesos da carapaça e das partes não comestíveis (vísceras, incluindo os ovários das fêmeas). O teor de água corporal (humidade) foi expresso como a diferença entre os pesos antes e depois da cozedura. A percentagem de rendimento em carne foi calculada do seguinte modo

$$\text{Percentage Meat yield} = \frac{\text{Total weight of the meat extracted}}{\text{Weight of the crab after cooking}} \text{ X } 100$$

Os testes de análise de variância (ANOVA) de Kruskal-Wallis (Zar, 1984) foram utilizados para examinar as variações nas percentagens de rendimento de carne entre os tamanhos e os sexos, sendo as diferenças consideradas significativas a $P < 0,05$.

RESULTADOS

Foi recolhido um total de 84 espécimes de *C. natator*, dos quais 47 machos e 37 fêmeas. Os machos eram maiores em largura de carapaça e mais pesados em peso total do que as fêmeas (77,7- 141,4 mm CW, 75,5 - 676,6g) (74,7-121,0 mm CW, 75,2-344,7g) respetivamente. Em termos de peso médio dos quelípedes, os machos eram duas vezes mais pesados do que as fêmeas (78,4g ± 44,3, 36,1gm ± 16,8), respetivamente, e tinham uma maior percentagem de teor de água (27,1%, 16,1%), respetivamente. A figura 1 apresenta a composição percentual média das diferentes partes do corpo de *C. natator*. Ambos os sexos apresentaram percentagens quase iguais de carne, mas as fêmeas apresentaram percentagens mais elevadas de partes não comestíveis do que os machos (36,6% ±5,9, 35,8 ±2,4, 13,2% ±1,9, 10,1% ±3,7), respetivamente. No entanto, os machos foram superiores às fêmeas no que respeita à percentagem de casca (54,1% ±6,6, 50,2% ±2,2).

No total, a percentagem de carne recuperada das garras dos machos (Fig.2) foi significativamente superior à das fêmeas (53,8%, 44,6%), respetivamente (H= 24,3, DF= 10, P< 0,05), com a da garra direita a exceder a da esquerda em ambos os sexos (25,4±1,8, 19,3%±8,0). As fêmeas foram significativamente superiores aos machos nos rendimentos médios recuperados do cefalotórax e das patas (43,1% ±2,0, 37,6% ±2,0, 12,3% ±4,0, 8,7% ±3,9), respetivamente (H= 44,6, DF=10, P< 0,05).

As variações das percentagens médias de rendimento de carne com os diferentes tamanhos e pesos de machos e fêmeas são apresentadas nos quadros 2 e 3. O rendimento em carne aumentou com o aumento da largura e do peso da carapaça dos machos (quadro 1). Verificou-se um aumento progressivo dos valores médios a partir do tamanho e peso mais pequenos (75,5 mm CW,

84,3gm) até se atingir a média máxima (35,8%) no intervalo de tamanho 110-120 mm CW. Posteriormente, as percentagens mantiveram-se mais ou menos constantes com o aumento do tamanho e do peso do corpo. No entanto, este padrão foi considerado estatisticamente insignificante ($H = 5,22$; $DF = 10$; $P>0,05$). As fêmeas variaram significativamente na percentagem de rendimento de carne com a largura da carapaça ($H = 25,56$; $DF = 10$; $P<0,05$). Os valores médios aumentaram com o tamanho e o peso do corpo, atingindo o máximo (36,6%) na faixa de tamanho (90-100). Observou-se um decréscimo das percentagens nas faixas de tamanho maiores (Tabela 2). Comparativamente, para uma determinada faixa de tamanho (100-110mm CW), ambos os tamanhos tiveram a mesma percentagem de rendimento de carne (34,3%) (Tabela 2, 3).

Houve variações nas percentagens médias de rendimento de carne com os diferentes estádios de maturidade das fêmeas, como se pode ver no quadro 3. Os valores aumentaram durante o primeiro e segundo estádios de maturidade (34,1%, 36,6%) e depois diminuíram no terceiro estádio de desenvolvimento gonadal (33,3%). Observou-se que as fêmeas ovígeras apresentaram a percentagem média mais baixa de rendimento de carne (32,8%). Estas variações foram estatisticamente significativas ($H=63,52$; $DF=10$; $P<0,05$).

DISCUSSÃO

O caranguejo nadador *Charybdis natator* Herbst (1789) é uma espécie de grande porte que pertence à família Portunidae. Constitui uma parte das capturas de crustáceos que desembarcam no Golfo do Suez. Apesar de ser conhecida como uma espécie comestível em todo o mundo, tem uma popularidade bastante baixa entre os consumidores da zona do Suez.

A relutância dos habitantes locais em comprar esta espécie é atribuída à sua carapaça extremamente dura, que deu origem ao seu nome comum (caranguejo-das-rochas), bem como ao substrato rochoso a partir do qual esta espécie está a ser pescada (Sallam & Gab-Alla, 2009). O presente estudo analisou o rendimento da carne de *C. natator*, considerando todas as estruturas morfológicas (cefalotórax, garras e patas) que são normalmente utilizadas para consumo humano. Os resultados mostraram que o teor de água aumentou com o aumento do tamanho dos caranguejos. Isto significa que quanto maior o caranguejo, maior o teor de água. Baumberger e Olmsted (1928) afirmaram que o teor de água nos caranguejos duros pode atingir 67% do peso corporal e que esta humidade corporal se deve principalmente aos fluidos e tecidos corporais. Os valores registados neste estudo são inferiores aos registados para *Chionoecetes opilio* no leste do Canadá (Dufour *et al.,* 1997). Os autores indicaram que o teor de água diminui com o aumento da dureza da carapaça desta espécie e que o peso vivo (peso húmido) dos caranguejos pode ser um bom indicador do seu teor de carne.

Os machos de *C. natator* apresentaram um peso de concha superior ao das fêmeas. Este facto está relacionado com a diferença de peso das quelas entre os dois sexos. Os mesmos resultados foram registados para o lagostim *Austropotamobius torrentium* do rio Velika, Turquia (Harhoglu e Guner, 2006). Huner (1993) verificou que os indivíduos maiores dos lagostins *Astacus astacus* e *Procambarus clarkii* da Louisiana, EUA, tinham pesos mais elevados de exosqueleto devido à sua maior mineralização. Foi referido que o dimorfismo sexual está relacionado com a maturidade nos crustáceos, em que os machos têm quelípedes maiores e mais pesados do que as fêmeas e estas têm abdomens mais largos (Lowery, 1988). Baumberger e Olmsted (1928) explicaram que as quelas dos machos são muito duras e fortemente mineralizadas, enquanto as das fêmeas são menos mineralizadas e mais elásticas, portanto mais leves e menos duras.

Verificou-se que ambos os sexos tinham percentagens quase iguais de rendimento total de carne, 35,8% para os machos e 36,6% para as fêmeas. Este resultado é comparável ao registado para a mesma espécie na Baía de Moreton, Austrália (Sumpton, 1990). O autor referiu que 46% da carne foi recuperada do cefalotórax, 43% da garra e os restantes 11% das pernas. No entanto, os machos *Portunus pelagicus* da costa noroeste da ilha de Hainan tiveram um rendimento de carne mais elevado do que as fêmeas (Wu, *et.al.,* 2010). Dufour *et.al.,* (1997) indicaram que o rendimento de carne do caranguejo das neves *Chionoecetes opilio* no Canadá oriental aumentou com o aumento da dureza da carapaça. O quadro 4 apresenta uma comparação entre os resultados actuais e os resultados obtidos para outras espécies de caranguejos comestíveis. Brown (1986) descreveu a taxa de recuperação da carne de outros portunídeos comerciais e verificou que as taxas médias de recuperação de *Portunus pelagicus* e *Scylla serrata* eram de 39% e 29%, respetivamente. Em contrapartida, *Charybdis natator* teve uma taxa de recuperação intermédia de 35-36%.

Nos machos das espécies estudadas, o rendimento cárneo recuperado das quelas foi maior que o do cefalotórax e o da garra direita foi maior que o da esquerda. Yomar-Hattori *et.al.,* (2006) obtiveram resultados semelhantes para *Callinectes bacourti* de São Paulo, Brasil e concluíram que o rendimento em carne dos quelípedes depende principalmente da sua morfologia. Huner, *et.al.,* (1988) relataram maior rendimento de carne nos quelípedes dos lagostins *Astacus astacus* e *Procambarus clarkii* do que no cefalotórax.

Sumpton (1990) afirmou que *Charybdis natator* é um caranguejo destro, com a garra maior do lado direito do corpo e a menor do lado esquerdo. Boblemann *et al.*, (2007) referiram que as garras do caranguejo estão em grande parte preenchidas por músculos e tecido conjuntivo, o que explica uma musculatura poderosa e que as diferenças entre as quelas maior e menor estão relacionadas com os requisitos mecânicos e o comportamento biológico de fuga do caranguejo. Warner, *et.al.*, (1982) ilustraram que a estrutura dos músculos dos quelípedes era diferente da do corpo devido a maiores vantagens mecânicas e maior stress. Os autores explicaram que os quelípedes maiores são anatomicamente diferentes dos menores, pois têm apódemas maiores, sacrômeros mais longos e músculos mais próximos e que estas diferenças reflectem a função natural de cada garra. Por outro lado, a percentagem mais elevada de partes não comestíveis registada para as fêmeas do que para os machos no presente estudo deve-se ao peso das gónadas desenvolvidas.

O rendimento em carne de *C. natator* aumentou com o aumento do tamanho e do peso do caranguejo. Permaneceu constante no caso dos machos quando atingiram 110-120 mm de largura da carapaça e começou a diminuir no caso das fêmeas quando atingiram o tamanho de 90-100 mm. Harhoglu e Guner (2006) relataram resultados semelhantes para o lagostim *Austropotamobius torrentium* e afirmaram que as mudanças no rendimento de carne podem ser devidas à condição de maturidade gonadal e tamanho. O declínio do rendimento em carne das fêmeas com o aumento do desenvolvimento gonadal (quadro 3) apoia a hipótese da associação do rendimento em carne com a maturação dos ovários. Tuck *et al.*, (1997) afirmaram que a reprodução é um importante dreno de energia; é um processo em que as reservas orgânicas são mobilizadas durante a maturação da glândula digestiva e dos tecidos somáticos para o ovário. Por conseguinte, pode concluir-se que o consumo de caranguejos machos durante a época de reprodução do *C. natator* parece razoável, uma vez que os músculos das fêmeas estariam flácidos e o rendimento da carne recuperada seria o mais baixo.

Os portunídeos têm geralmente melhores valores de rendimento de carne do que outros braquiúros (Yomar-Hattori *et.al.*, 2006). Embora *o Charybdis natator* constitua atualmente apenas uma pequena proporção da captura local de caranguejo no Golfo do Suez, o elevado rendimento da carne, em particular das garras, torna-o um excelente candidato para a transformação da sua carne antes da introdução no mercado. Esta proposta visa a exploração correta deste caranguejo e uma solução para a devolução deste recurso valioso, que tanto se lamenta. Representa também um meio de melhorar a subsistência dos pescadores, uma vez que a carne de caranguejo transformada tem um preço de mercado mais elevado do que os caranguejos inteiros. Haefner (1985) indicou que a aceitação de uma espécie para transformação depende do seu tamanho, dureza da carapaça, rendimento da carne e sabor. Consequentemente, *o C. natator* seria um bom candidato com base na percentagem considerável de carne recuperada, na dureza da carapaça e na aceitabilidade. Sallam e Gab-Alla (2009) indicaram a palatabilidade do *C. natator* para consumo humano. No entanto, o principal problema da comercialização da carne de caranguejo é o processo de remoção da carne, e como o processo é feito manualmente, torna os preços dos caranguejos muito elevados (Fiscarelli, 2004). Ulmer (1964) comprovou que o rendimento da carne de caranguejo nadador varia de acordo com o processo de remoção da carne, seja por máquinas ou manualmente.

Em conclusão, este estudo demonstrou que a exploração adequada da carne deste valioso caranguejo pode ser efectuada por transformação. Por outro lado, as partes não comestíveis, bem como as conchas, podem ser utilizadas para a alimentação de aves ou peixes ou como fertilizantes do solo. A mesma recomendação foi dada para o lagostim *Procambarus clarkii* que invadiu o rio Nilo (Ibrahim e Khalil, 2009). A otimização do rendimento da carne deste novo recurso, ainda que negligenciado, parece ser uma necessidade, no entanto, recomendam-se mais investigações para a elucidação dos factores que afectam o seu rendimento.

REFERÊNCIAS

Baumberger, J. P. e Olmsted, J. M. D. (1928). Changes in the osmotic pressure and water content of crabs during the molt cycle. Physiological Zoology, 536-544.

Boblemann, F., Romano, P., Fabritius, H., Raabe, D. e Epple, M. (2007). A composição do exosqueleto de dois Crustacea: A lagosta americana *Homarus americanus* e o caranguejo comestível *Cancer pagurus.* Thermochimica Ata, Vol. 463, No.1-2, 65-68

Brown, I. W. B. (1986). Population biology of the spanner crab in south-east Queensland. Relatório do Departamento de Indústrias Primárias de Queensland: 1-106.

Çelik, M., Tureli, C., Yanar Y., Erden, U. e Kuçukgulmez, A. 2004. Fatty acid composition of the blue crab *(Callinectes sapidus* Rathbun, 1896) in the north eastern Mediterranean. Food Chemistry, 88: 271 - 273.

Dufour, R., Bernier, D. e Brêthes, J. C. 1997. Otimização do rendimento da carne e da mortalidade durante as operações de pesca do caranguejo das neves (*Chionoecetes opilio* O. Fabricus) no Canadá Oriental. Relatório Técnico Canadiano de Ciências Pesqueiras e Aquáticas 2152.

Fiscarelli, A. G. (2004). Rendimento, análise químicabromatológica da carne e fator de condição do caranguejo-Uçã *Ucides cordatus* (Linnaeus, 1763) (Crustacea, Brachyura, Ocypodide). Dissertação de Mestrado, Universidade Estadual Paulista, Jaboticabal, São

Paulo, 92 pp.bs.

Gangar, V., Huang, T. S. e Wei, C. I. 1996. Comparação dos padrões proteicos da carne de caranguejo por focalização isoeléctrica. Food Control, 7(6): 295 - 307.

Haefner, P. A. Jr. 1985. A biologia e a exploração dos caranguejos, pp. 111-116. Em A. J., Jr. Provenzano. (ed.). The biology of Crustacea. Aspectos económicos: Pesca e Cultura. Academic Press, Nova Iorque, Vol. 10: 331pp.

Harhoglu, M. M. e Guner, U. (2006). Estudos sobre o lagostim *Austropotamobius torrentium* (Shrank, 1803), recentemente descoberto na Turquia: análise morfológica e rendimento da carne. Aquaculture Research, 37, 538-542.

Huner, J.V. (1993). Recuperação de produtos comestíveis de alguns lagostins orconectídeos e procambarídeos comuns da América do Norte (Cambaridae) com ênfase em *Procambarus clarkii* (Girard) e *Procambarus zonagulus* Hobbs e Hobbs. Lagostins de água doce, 9: 28-37.

Huner, J. V., Lindqvist, O. V. e Kõnõnen, H. (1988). Comparação da morfologia e dos tecidos comestíveis de dois importantes lagostins comerciais, o lagostim nobre, *Astacus astacus* Linné, e o lagostim vermelho do pântano, *Procambarus clarkii* (Girard) (Decapoda, Astacidae e Cambaridae). Aquaculture, 68, 45-57.

Ibrahim, A. M. e Khalil, M.T. (2009). O lagostim vermelho do pântano no Egito. (Um crustáceo invasor de água doce que se espalha rapidamente). Publicação do Centro de Investigação e Estudos de Protectorados, Universidade Ain Shams (n.º 11), pp. 153.

Lowery, R. S. (1988). Crescimento, muda e reprodução. In: Lagostins de água doce: Biology, Management and Exploitation (ed. By D.M. Holdich & R.S. Lowery), pp. 83-114. Croom Helm, Timber Press, Oregon.

Ogawa, M., Alves, T.T., Caland-Noronha, M. C., Araripe, C. A. E. e Maia, E. L. (1973). Industrialização do caranguejo Uçá, *Ucides cordatus* (Linneaeus. I. Técnicas para o processamento da carne. Arq. Cin. Do Mer, 13: 31-37.

Oshiro, L. M. Y., Silva, R. e Silveira, C. M. (1999). Rendimento de carne nos caranguejos Guaiá, *Menippe nodifrons* Stimpson, 1859 e Guaiamum, *Cardisoma guanhuimi* Latereille, 1825 (Crustacea, Decapoda, Brachyura) da Baa de Sepetiba/RJ. Ata Biologia. Leopolensia, 21 (1): 83-88.

Organização das Nações Unidas para a Agricultura e a Alimentação (FAO - Projeto Eastfish) (1996). Atualização da mercadoria caranguejo. Banco de dados mundial, Copenhaga, 23 pp.

Sallam, W. S. e Gab-Alla, A. F. A. (2009). Avaliação da comestibilidade do caranguejo nadador *Charybdis natator* (Brachyura: Portunidae) do Golfo do Suez, Mar Vermelho, Egito. Egyptian Journal of Aquatic Biology and Fisheries. Vol. 13, No. 1: 43-54.

Sims, G. G., W.E. Anderson e C.E. Cosham. 1980. A comparison of meat yields and mechanical de-shelling characteristics of molted and un-molted specimens of Atlantic snow crab (*Chionoecetes opilio*). Relatório Técnico Canadiano sobre Pescas e Ciências Aquáticas, 908: 8 p.

Skonberg, D. I. e Perkins, B.L. 2002. Nutrient composition of green crab (*Carcinus maenas*) leg meat and claw meat. Food Chemistry. 77: 402 - 404.

Sumpton, W. D. (1990). Crescimento morfométrico e biologia pesqueira do caranguejo *Charybdis natator* (Herbst) em Moreton Bay, Austrália (Decapoda, Brachyua). Crustaceana, 59 (2). 113-120.

Tuck, I. D, Taylor, A. C., Atkinson, R. J. A., Gramitto, M. E. e Smith, C. (1997). Biochemical composition of *Nephrops norvegicus:* changes associated with ovary maturation. Marine Biology, 129: 505-511.

Tureli, C., Çelik, M. e Erdem, U. (2000). Comparação da composição da carne e do rendimento do caranguejo azul *(Callinectes sapidus* Rathbun, 1896) e do caranguejo da areia *(Portunus pelagicus* Linneaus, 1758) capturados na Baía de Iskenderun, Nordeste do Mediterrâneo. Turkish Journal and Veterinary and Animal Sciences, 24: 195-204.

Ulmer, Jr. D .H. B. (1964). Preparação de carne refrigerada de caranguejo azul do Atlântico. Fishery Industrial Research, Vol. 2, No.3.pp 37.

Warner, G. F., Chapman, D., Hawkey, N. e Waring, D.G. (1982). Structure and function of the chelae and chela closer muscles of the shore crab *Carcinus maenas* (Crustacea: Brachyura). Journal of the Zoological Society of London. 196, 431-438.

Wu, X., Zhou, B., Cheng, Y., Zeng, C., Wang, C. e Feng, L. (2010). Comparação das diferenças de género na composição bioquímica e no valor nutricional de várias partes comestíveis do caranguejo azul nadador. Journal of Food Composition and Analysis 23, 154-159.

Yomar-Hattori, G., Sampaio-Sant'Anna, B. e Amaro-Pinheiro, M.A. (2006). Rendimento de carne de *Callinectes bocourti* A. Milne Edwards, 1879 (Crustacea, Portunida) em Iguape, São Paulo, Brasil. Investigações Marinhas, Vol. 34(2), 231-236.

Zar, J. H. (1984). Biostatistical analysis. Prentice Hall International, 718 páginas.

Tabela 1. Variações das percentagens médias de rendimento de carne com os diferentes tamanhos e pesos dos machos *Charybdis natator*

Size range (mm)	Carapace width (mm) min max mean ± SD	Total weight (gm) min max mean ± SD	Mean % Meat Yield min max mean ± SD	N
70-80	75.5 78.5 77.2±1.5	84.3 92.7 87.7±4.4	26.0 27.1 26.2±2.0	3
80-90	81.0 89.2 84.3±2.4	115.9 124.1 127.5±11.2	27.8 31.1 30.5±1.2	3
90-100	92.5 97.5 95.5 ±2.7	196.1 233.7 192.8± 24.5	29.9 36.2 31.7±2.0	5
100-110	103.0 108.5 105.3±2.4	187.1 338.2 267.9±34.1	30.9 36.4 34.3±7.3	8
110-120	111.7 118.2 114.1±2.2	221.0 486.7 361.3±71.6	34.1 37.2 35.8±7.9	12
120-130	126.4 129.9 126.8±3.1	378.4 582.0 498.8±85.5	35.1 36.2 35.3±3.5	10
130-140	133.4 137.7 134.6±3.2	594.0 676.7 518±41.3	34.9 37.8 35.5±9.2	5
140-150	141.4	632.8	34.6	1

Tabela 2. Variações das percentagens médias de rendimento de carne com os diferentes tamanhos e pesos das fêmeas *Charybdis natator*

Size range (mm)	Carapace width (mm) min max mean ± SD	Total weight (gm) min max mean ± SD	Mean % Meat Yield min max mean ± SD	N
70-80	74.7	75.2	30.2	1
80-90	80.3 88.5	91.0 126.0	26.2 34.4	9
	84.8±2.3	112.7±10.8	32.3±1.2	
90-100				8
	93.8 98.3 95.8	140.0 197.0 169.9±	335.1 38.4	
100-	±2.4	17.1	36.6±2.0	1
110				0
	101.0 103.0	193.0 273.6	32.0 37.1	
110-	103.7±2.6	230.3±28.1	34.3±3.3	8
120				
	114.4 116.5	264.1 344.7	30.6 36.5	1
120-	117.7±2.0	311±29.7	32.8±5.6	
130				
	121.0	370.1	30.7	

Tabela 3. *Charybdis natator* (Herbst, 1794). Percentagens médias de rendimento em carne nos diferentes estádios de maturidade das fêmeas em função do tamanho e do peso

Maturity Stage	Carapace width (mm) min max mean ± SD	Total weight (gm) min max mean ± SD	Mean % Meat Yield min max mean ± SD	N
1st	112.1 115 113.5 ±0.4	308.9 344.7 325.9±13.5	29.0 37.1 34.1±1.5	4
2nd	96.1 114.5 103.7±8.3	166.1 273.9 215.0±50.1	34.9 39.4 36.6±1.8	4
3rd	80.0 117.7 95.5 ±12.2	90.9 343.8 178.4± 73.4	32.5 34.0 33.3±1.1	27
3rd*	92.7 103 97.8±7.2	159.9 282.8 216±79.8	30.5 35.1 32.8± 3.2	2

Legenda: 1, imaturo; 2, em maturação; 3, maduro; 3 maduro e ovígero; N= número de indivíduos.

Tabela 4. Comparação entre as percentagens médias de rendimento de carne recuperada das diferentes espécies de sapateira

Family	Species	Author		Meat	Total
				Yield	
				(%)	(%)
				Males	
				Females	
Portunidae	*Charybdis*	Present study		36.6	36.1
	natator	Sumpton	5		
	(Herbst, 1789)	(1990)	.	-	35.0
	Charybdis	Brown (1986)	8		
	natator	Türeli *et al.*,		-	39.0
	(Herbst, 1789)	(2000)			
	Portunus	Brown (1986)		28.23	-
	pelagicus	Türeli *et al.*,			
	(Linnaeus,1758	(2000)		-	29.0
	)	Yomar-			
	Portunus	Hattori *et al.*,	1	57.19	-
	pelagicus	(2006)	.		
	(Linnaeus,1758		9	22.1	23.4
	)	Oshiro *et al.*,	9		
	Scylla serrata	(1999)			
	(Forskal, 1775)				
Menippidae	*Callinectes*	Oshiro *et al.*,		21.0	-
	sapidus	(1999)			
	Rathbun,		6		
Gecarcinidae	1896		.	21.5	-
	Callinectes	Ogawa *et al.*,	6		
	bacourti Milne	(1973)	7		
	Edwards, 1879	Fiscarelli			
Ocypodidae		(2004)		20.9	21.2
	Menippe		8		
	nodifrons	Sims *et. al.*,	.	21.1	23.2

	Stimpson, 1859	(1980)	5		
		Dufour *et.al.*,			
Majidae	*Caridosoma*	(1997)		-	41.8
	guanhumi				
	Latreille, 1825			-	42.7
			2		
	Ucides		.		
	cordatus		2		
	(Linneaus,				
	1763)				
	Ucides				
	cordatus		8		
	(Linneaus,		.		
	1763)		0		
	Chionoecetes				
	opilio				
	(Fabricius,				
	1788)		2		
	Chionoecetes		.		
	opilio		6		
	(Fabricius,				
	1788)				
			5		
			.		
			4		

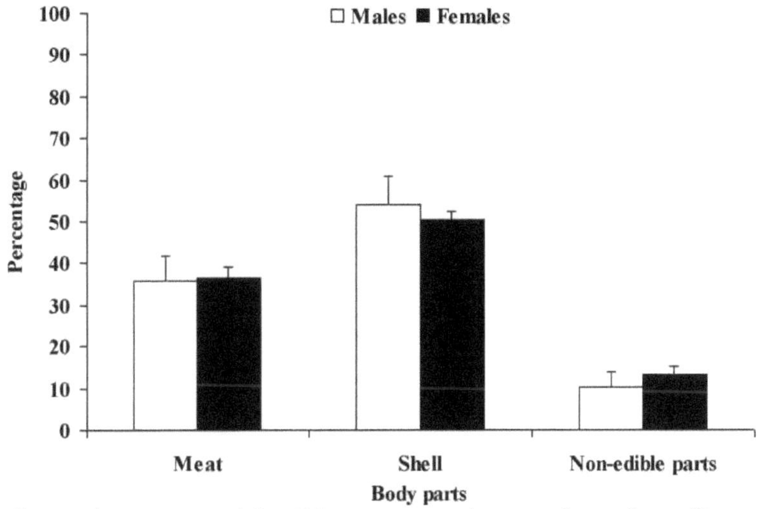

Fig.1. Composição percentual das diferentes partes do corpo de machos e fêmeas de *C. natator*.

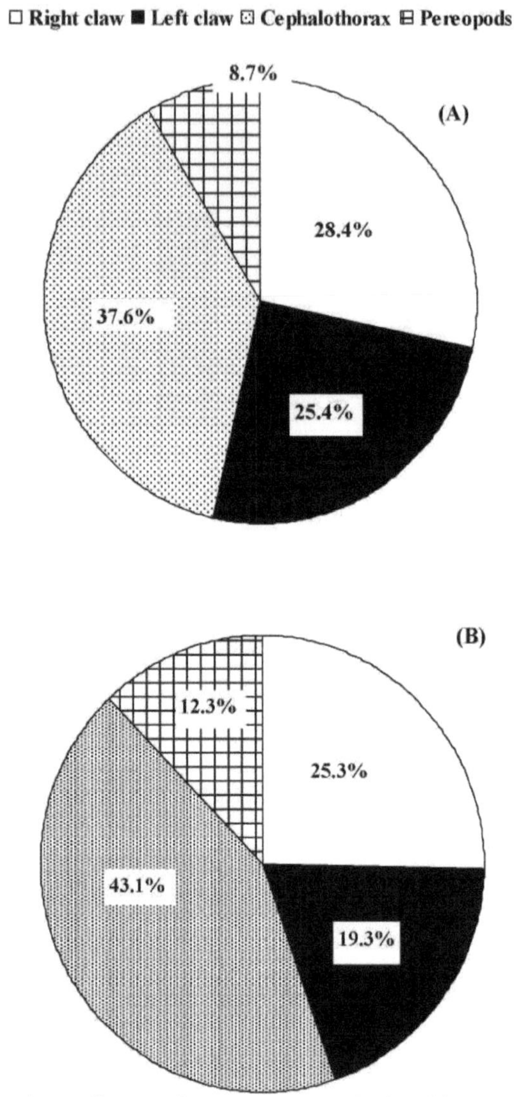

Fig.2. Percentagem de rendimento de carne recuperada das diferentes partes do corpo de *C. natator*.
A, machos e B, fêmeas.

AVALIAÇÃO DA COMESTIBILIDADE DO CARANGUEJO NADADOR *CHARYBDIS NATATOR* (BRACHYURA: PORTUNIDAE) DO GOLFO DE SUEZ, MAR VERMELHO, EGIPTO

RESUMO

O caranguejo portunídeo *Charybdis natator* existe nas capturas comerciais dos arrastões do Golfo do Suez em quantidade considerável. Apesar de ser comestível em todo o mundo, este caranguejo é pouco conhecido entre os consumidores locais. Este estudo teve como objetivo avaliar a aptidão deste caranguejo como alimento. O tecido muscular foi examinado em termos de composição bioquímica (proteínas, lípidos e hidratos de carbono) e de acumulação de metais pesados (Cd, Cu, Fe, Pb e Zn). Foram testadas as diferenças organolépticas entre a carne cozinhada desta espécie e a da espécie popular *Portunus pelagicus*. As proteínas constituíram mais de 80% do peso seco dos músculos dos caranguejos machos e fêmeas, seguidas dos lípidos (7,25-7,79%) e dos hidratos de carbono (5,39-6,26%), respetivamente. O Zn foi o metal acumulado mais elevado (46,6, 45,4ppm), seguido do Cu (24,4, 36,6 ppm), Fe (21,8, 36,2 ppm) e Pb (3,9, 4,6ppm), enquanto o Cd foi o mais baixo (0,9ppm) nos machos e nas fêmeas, respetivamente. Foram registadas variações intra-específicas e baseadas no tamanho na absorção de metais. *O* teste das qualidades organolépticas classificou *o P. pelagicus* como superior em todos os atributos. No entanto, não foram observadas diferenças significativas na aceitabilidade total das duas espécies *(p*> 0,05). O estudo realçou a adequação do *C. natator* como marisco comestível, nutritivo e seguro.

INTRODUÇÃO

O caranguejo portunídeo *Charybdis natator* (Herbst), 1789 é encontrado nos oceanos Índico e Pacífico ocidental (Stephenson *et al.,* 1958), onde contribui para a pesca do caranguejo na Índia (Menon, 1952) e na Austrália, embora seja menos comum em comparação com outras espécies mais abundantes e comercialmente importantes, como *Portunus pelagicus* e *Scylla serrata.*

Na zona do Canal do Suez e na costa egípcia do Mediterrâneo, apenas a *espécie Portunus pelagicus* é explorada comercialmente. A biologia desta espécie foi objeto de um estudo aprofundado nas águas do Mediterrâneo (Alkholy e Elhawary, 1970; Abdel Razek, 1988; Bawab e Elsherif, 1988, 1989) e do mar Vermelho (Zaghloul, 2003), assim como noutras partes do mundo (Batoy *et al.,* 1988, 1989, Kangas, 2000, Wang *et al.,* 2001). Em contrapartida, sabe-se muito pouco sobre a biologia de *Charybdis natator* em qualquer zona da sua distribuição (Sumpton, 1990 a, b). As informações sobre os registos de ocorrência foram dadas por Barnard, (1950) e as descrições taxonómicas por

Stephenson *et al.* (1958).

Foram igualmente efectuados estudos consideráveis sobre a composição bioquímica e a acumulação de metais pesados em *P. pelagicus* das águas egípcias (Ghazaly, 1988, Zaghloul, 2003 & Sallam *et al.,* 2006). No entanto, nenhum estudo foi efectuado em *Charybdis natator* do mar Vermelho e apenas alguns noutras espécies, como *C. hellerii* no Paquistão (Siddiquie et al., 1978) e *C. smithii* na Índia (Balasubramanian & Suseelan, 2001).

Por outro lado, não existem informações sobre as qualidades organolépticas da carne cozinhada de ambas as espécies que habitam as costas egípcias do Mediterrâneo e do Mar Vermelho.

Charybdis natator aparece nas capturas de espécies de peixes comerciais dos arrastões do Golfo do Suez que operam perto das ilhas Gemsha. Embora exista em quantidades razoáveis, é considerada como um subproduto e introduzida ocasionalmente nos mercados da cidade de Suez. Uma vez que os dados de desembarque desta espécie são incorporados com os de *P. pelagicus,* não existem estimativas separadas sobre as capturas por unidade de esforço em função da hora do dia, da estação do ano ou da zona. Apesar de ser conhecido como uma espécie comestível a nível mundial, este caranguejo tem uma popularidade bastante baixa entre os consumidores do Suez. A relutância dos consumidores locais em comprar esta espécie é atribuída à sua carapaça extremamente dura que levou ao seu nome comum (caranguejo-das-rochas) e ao substrato rochoso onde esta espécie está a ser pescada. O facto de ser uma espécie negligenciada estimulou o estudo da avaliação da sua aptidão para o consumo humano. A avaliação foi efectuada em termos de 1- composição bioquímica 2- acumulação de um certo número de metais pesados no tecido muscular e 3- diferenças organolépticas entre a sua carne cozinhada e a da espécie popular *Portunus pelagicus.*

MATERIAIS E MÉTODOS

Foram recolhidas amostras frescas de *C. natator* das capturas dos navios de arrasto no local de desembarque do porto de El-Ataka, no Golfo do Suez, em dezembro de 2007. Os espécimes foram medidos quanto à largura da carapaça (CW) com um compasso de calibre vernier. Foram selecionados para análise 27 caranguejos, 15 fêmeas e 12 machos (três réplicas de cada sexo e de cada gama de tamanhos). Foram dissecados e o estado das gónadas foi determinado. Só foram utilizados os indivíduos com gónadas imaturas. A carne do abdómen foi extraída, os quelípedes foram quebrados com um pilão pesado e a carne foi retirada com uma espátula.

A polpa extraída foi dividida em duas quantidades iguais. A primeira foi seca em

estufa a 60° C até se obter um peso constante e depois dessecada durante dois dias. 25 mg dos tecidos secos foram adicionados a 1 ml de ácido tricloroacético a 10%, centrifugados durante 20
minutos a 3000rpm e o precipitado foi analisado para deteção de proteínas de acordo com Lowry *et al.* (1951). O sobrenadante foi utilizado para a análise dos hidratos de carbono de acordo com Dubois *et al.* (1956). Os lípidos totais foram estimados pelo método da sulfofosfovabilina de Branes e Blackstock (1973).

A segunda quantidade de carne foi utilizada para a análise de metais pesados. Os tecidos liofilizados, esmagados e homogeneizados (cerca de 0,4 g) foram digeridos com 1 ml de ácido nítrico Suprapur (Merck) a 120⁰ C durante 2 horas, de acordo com APHA (1995). As soluções resultantes foram diluídas até um volume conhecido com água desionizada bidestilada. Os metais vestigiais Cu, Cd, Pd, Fe e Zn foram analisados pelo Perkin Elmer atomic absorption Analyst 100 equipado com sistema de hidreto e forno de grafite. O procedimento analítico foi verificado utilizando um material de referência (MA- MEDPOL-1/TM) (IAEA, Mónaco). Os valores foram expressos em mg/kg.

Outra amostra aleatória de indivíduos intactos de *C. natator* e *Portunus pelagicus* foi obtida para testar as qualidades organolépticas da carne. Os caranguejos foram cozidos separadamente em água a ferver e a carne do abdómen e dos quelípedes foi extraída manualmente com uma espátula. A cozedura tornou a carapaça do *C. natator* bastante frágil, pelo que não houve qualquer dificuldade durante a extração da carne. Foi efectuada uma avaliação das qualidades organolépticas da carne de caranguejo com a ajuda de dez jurados, de acordo com Klein e Bardy (1984). Os termos organolépticos selecionados foram: aroma (frescura), cor, textura, sabor e aceitabilidade. A carne mais fresca, mais branca, mais firme, mais suculenta e mais aceitável foi classificada com uma pontuação mais elevada. A pontuação foi dividida em 10 pontos, como se segue: 9-8 muito bom; 7-6 bom; 5-4 razoável; 3-1 mau.

RESULTADOS

As percentagens médias dos diferentes componentes bioquímicos do tecido muscular de *C. natator* são apresentadas no quadro 1. As proteínas foram aparentemente o principal constituinte dos músculos, representando cerca de 80% do peso seco de ambos os sexos, seguidas dos lípidos (7,25-7,79%) e dos hidratos de carbono (5,39-6,26%) para os machos e as fêmeas, respetivamente. As figuras 1 e 2 apresentam as percentagens médias dos diferentes componentes bioquímicos em função do tamanho do corpo do caranguejo (mm CW). Os machos maiores, com uma largura de carapaça entre 130-140mm, apresentaram a percentagem mais elevada de proteínas (88,5%), a mais baixa de lípidos (5,4%) e de hidratos de carbono (2,3%), respetivamente (Fig.1).

Quadro 1: Percentagens médias dos componentes bioquímicos determinados no tecido muscular de *Charybdis natator*

Sex	Protein	Lipids	Carbohydrates
	Range Mean ± SD	Range Mean ±SD	Range Mean ± SD
Male	78.37- 88.46	5.41-7.83	2.89-8.95
Fema	82.35±4.4	7.25±1.3	5.39±2.6
le	68.80-89.80	5.37-12.53	2.3-11.09
	81.29±6.9	7.79±2.3	6.26±3.3

Legenda: DP = Desvio padrão.

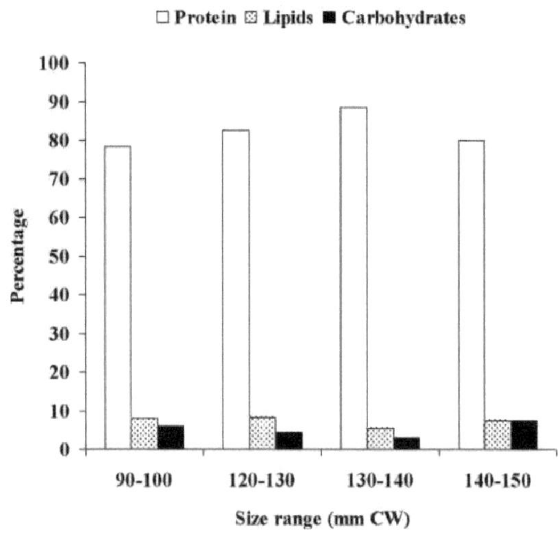

Figura (1). Percentagens médias dos diferentes componentes bioquímicos do tecido muscular de machos de *C. natator* em relação ao tamanho do corpo.

A mesma tendência foi observada para os maiores. Os que se enquadram no intervalo de tamanho 120-130 mm também apresentaram os valores mais elevados para as proteínas (85,5%), os valores mais baixos para os lípidos (5,4%) e os hidratos de carbono (4,9%), respetivamente (Fig. 2).

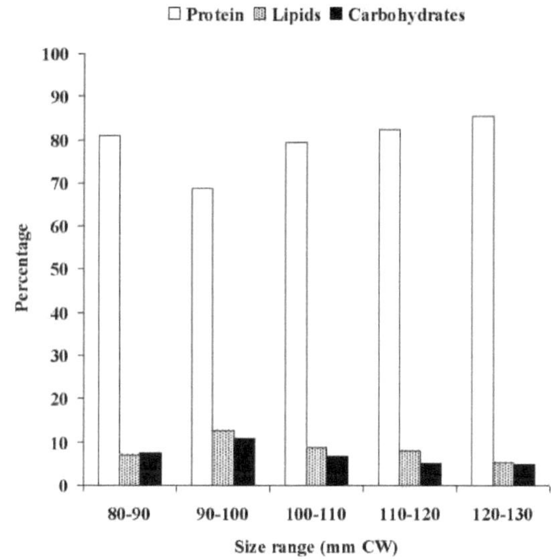

Figura (2). Percentagens médias dos diferentes componentes bioquímicos do tecido muscular de fêmeas *de C. natator* em relação ao tamanho do corpo.

As concentrações médias (mg/kg) dos metais pesados Cd, Cu, Fe, Pb e Zn nos tecidos musculares de ambos os sexos (Quadro 2) indicaram que o zinco foi o metal mais elevado acumulado (46,6, 45,4ppm), seguido do cobre (24,4, 36,6ppm), do ferro (21,8, 36,2ppm) e do chumbo (3,9, 4,6ppm), enquanto o cádmio foi o mais baixo (0,9ppm) nos machos e nas fêmeas, respetivamente.

Quadro 2: Concentrações médias de alguns metais pesados registadas no tecido muscular de *C. natator* (valores expressos em mg/kg)

Sex	**Cd**	**Cu**	**Fe**	**Pb**	**Zn**
Male femal e	0.92±0.1 0.90±0.1	24.39±5.0 1 35.85±9.8	21.75±2.5 35.75±4.9	3.87±1.1 4.42±0.7	46.64±2. 1 46.11±2. 0

Legenda: DP = Desvio padrão.

As figuras 3 e 4 demonstram as concentrações médias (mg/kg.) dos metais pesados determinados em relação ao tamanho do corpo do caranguejo. É evidente nas figuras que as fêmeas de caranguejos com larguras de carapaça entre 90-100 e 120-130 mm acumularam mais Cu e Fe do que os machos com as mesmas dimensões. No entanto, as fêmeas maiores (120- 130mmCW) acumularam percentagens mais elevadas de chumbo do que os machos do mesmo tamanho. Nos machos, a concentração de Cd permaneceu inalterada (0,9 ppm) nas diferentes classes de tamanho, enquanto os níveis de Cu registaram um aumento acentuado nos tamanhos maiores. O Fe e o Pb diminuíram nas pequenas classes de tamanho mas aumentaram (22,8, 4,1ppm) nos indivíduos entre 140-150mm CW, respetivamente. Em contraste, os valores de Zn flutuaram nas diferentes categorias de tamanho. Nas fêmeas, o Cd aumentou ligeiramente nos indivíduos pequenos e manteve-se relativamente constante (0,9ppm) nas duas classes de tamanho grandes (110-120, 120-130). Os níveis de Cu e Fe variaram com os tamanhos, enquanto o Pb e o Zn aumentaram com o aumento do tamanho dos caranguejos.

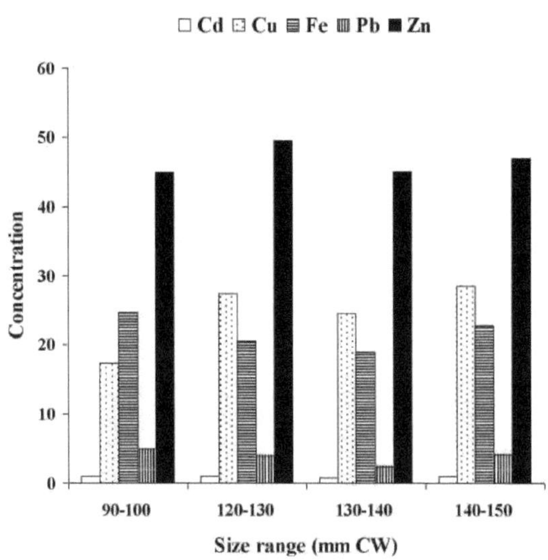

Figura (3). Concentrações médias dos diferentes metais pesados no tecido muscular de *C. natator* macho em função do tamanho do corpo.

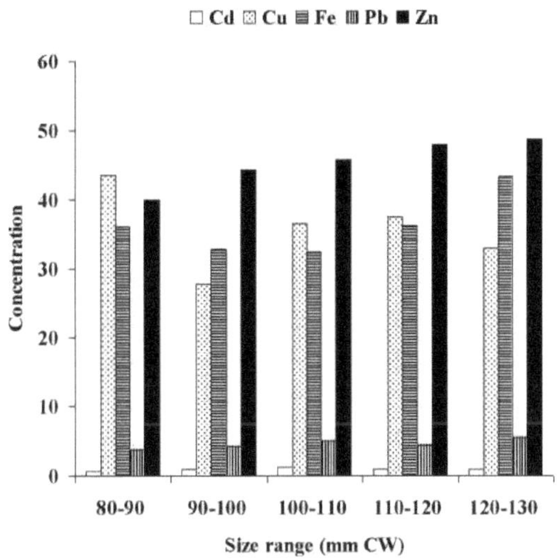

Figura (4). Concentrações médias dos diferentes metais pesados no tecido muscular de fêmeas *de C. natator* em função do tamanho do corpo.

O quadro 3 ilustra as qualidades organolépticas de *C. natator* e *Portunus pelagicus* após cozedura. Os resultados do teste classificaram *o P. pelagicus* como superior em termos de qualidades organolépticas. A análise de variância (one-way ANOVA) revelou diferenças significativas entre a cor, o sabor e a aceitabilidade (P= 0,023, 0,036, 0,030), respetivamente (Quadro 4). No entanto, não foi observada nenhuma diferença significativa para a aceitabilidade total das duas espécies *(P*> 0,05).

Quadro 3: Qualidades organolépticas de *C. natator* e *P. pelagicus*

Crab species / Organoleptic quality	*Charybdis natator*	*Portunus pelagicus*
Aroma (10)	8.9±1.3	7.7±1.3
Color (10)	9.1±1.2	7.6±1.2
Texture (10)	9.1±0.8	7.5±1.4
Taste (10)	9.3±0.8	7.8±1.3
Acceptability (10)	9.2±1.0	7.7±1.1
Total acceptability (50)	45.6±4.2	38.4±5.3

DISCUSSÃO

São realizados estudos sobre a composição bioquímica das espécies económicas, bem como sobre a sua absorção de metais vestigiais, para avaliar a qualidade nutritiva e a segurança destas espécies para consumo humano. O presente estudo teve como objetivo avaliar a adequação do caranguejo portunídeo *C. natator* do Golfo do Suez como alimento. Os resultados indicaram que o tecido muscular desta espécie apresentava uma percentagem relativamente elevada de proteínas, lípidos e hidratos de carbono em ambos os sexos (82, 8, 6%), respetivamente. Os teores de proteínas e de hidratos de carbono registados neste estudo foram superiores aos indicados para outras espécies de *Charybdis,* embora bastante semelhantes para os lípidos (Siddiqui *et al.,* 1987). Balasubramanian e Suseelan (2001) referiram que o tecido muscular de *Charybdis smithii* dos mares em redor da Índia tem uma percentagem de proteínas que varia entre 60 e 71% do peso seco. Os lípidos variavam entre 6,2 e 8,2%, enquanto os hidratos de carbono contribuíam com 2,4-3,4%. Além disso, os valores registados neste estudo foram mais elevados do que os relatados para outras espécies de caranguejos comestíveis, incluindo *Podophthalmus vigil* (Radhakrishnan & Natarajan, 1979) e a espécie comercial *Portunus pelagicus* em particular (Sallam *et al.,* 2006). Akbar *et al.* (1988) registaram uma variação de 54-75% para as proteínas e de 3,2-6,2% para os lípidos para *P. pelagicus* no Paquistão, enquanto Pillay e Nair (1978) registaram 40,1-60,7% para as proteínas e 1,3- 6,15% para os lípidos para a mesma espécie na Índia.

Estes resultados reflectem a elevada qualidade nutritiva de *C. natator* e indicam que tanto os machos como as fêmeas são igualmente ricos em proteínas.

A bioacumulação de metais pelos organismos marinhos tem sido objeto de um interesse considerável nos últimos anos, devido à grande preocupação de que níveis elevados de metais possam ter efeitos prejudiciais nos organismos marinhos, que podem afetar a sua aptidão como alimento para os seres humanos (El-Moselhy & Gabal, 2004). Em *Charybdis natator,* a acumulação de metais seguiu a ordem: Zn>Cu>Fe>Pb>Cd. Os níveis de Cd, Zn, Fe, Cu detectados durante este estudo foram extremamente baixos em comparação com os relatados para outras espécies de caranguejos comestíveis (Ghazaly, 1988; Sallam *et al.,* 2006 & Reddy *et al.,* 2007). Este facto pode ser atribuído à natureza do ambiente que rodeia o caranguejo ou aos seus hábitos alimentares, que resultam na acumulação de metais. No entanto, os níveis relativamente elevados de chumbo aqui registados podem estar relacionados com a atividade de exploração e produção de petróleo perto das ilhas Gemsha no Golfo do Suez. Emara *et al.* (1999) registaram uma concentração de 883 ppm de hidrocarbonetos de petróleo no sedimento da zona de Gemsha. Também foram registadas concentrações elevadas de chumbo em zonas poluídas com hidrocarbonetos de petróleo, como a costa lituana do Mar Báltico (Joksas *et al.,* 2005). Apesar de se encontrarem dentro dos limites admissíveis (OMS, 1982), as concentrações de chumbo em *C. natator* exigem uma monitorização contínua. Wittman (1981) afirmou que o chumbo e o cádmio são metais não essenciais que provêm principalmente de fontes antropogénicas, indicando os níveis de poluição a que o organismo está sujeito.

No presente estudo, os níveis de metais variaram entre os sexos de *C. natator*, tendo as fêmeas acumulado concentrações mais elevadas do que os machos. Foram registadas diferenças intra-específicas na absorção de metais para *P. pelgicus* no Golfo do Suez (El-Moselhy, 2006) e para outros organismos marinhos (Sadiq & Alam 1992).

Latouche & Mix (1982) mencionaram que a acumulação de metais nos tecidos somáticos não difere entre os sexos e que, se existe variação, esta é limitada apenas antes da época de desova, em resultado de variações na quantidade de metais presentes nos gâmetas dos dois sexos, desaparecendo depois. Por outro lado, foram registadas variações nos níveis de alguns metais nos diferentes tamanhos de ambos os sexos. Foram registadas variações na acumulação de metais com base no tamanho do caranguejo comestível *Carcinus maenas* (Bjerregaard & Depledge, 2002).

Não foram reconhecidas diferenças significativas no aroma e na textura das carnes de *C. natator* e *P. pelagicus*. Os avaliadores não foram capazes de as distinguir. Em contrapartida, a carne desta última espécie tem um aspeto mais branco e um sabor mais aceitável do que a da primeira. As variações de sabor podem estar relacionadas com a frescura das amostras. *A P. pelagicus* foi capturada recentemente, ao passo que *a C. natator* permaneceu congelada a bordo dos arrastões durante algum tempo durante a viagem de pesca no golfo do Suez, antes de ser introduzida no mercado. O aspeto mais branco da carne está relacionado com o elevado teor de gordura nos peixes cultivados (Gabr & Gab-Alla, 2007). Além disso, o teor de lípidos em *C. natator* foi inferior (7,5%) ao de *P. pelagicus* (14%) (Sallam *et al,* 2006). No entanto, a ausência de diferenças significativas na aceitabilidade total das carnes de ambos os caranguejos indica que esta espécie é comestível e, por conseguinte, adequada para consumo humano.

A elevada qualidade nutritiva desta espécie, bem como a sua carne segura, menos contaminada e palatável, incentiva-nos a sensibilizar para a sua aptidão como marisco adequado. O facto de a cozedura tornar a concha mais quebradiça deve ser levado ao conhecimento dos consumidores. Espera-se que este facto aumente a popularidade desta espécie e as suas vendas. Deve ser dada atenção à forma de obter o máximo de benefícios desta carne rica em proteínas. Uma possibilidade consiste em apresentá-la aos consumidores sob forma transformada a preços acessíveis. Dado que *o P. pelagicus* é amplamente pescado nas águas egípcias, a pesca *do C. natator* pode constituir um suplemento bem-vindo. Isto irá obviamente popularizar a sua carne como uma valiosa fonte de proteínas e acabará por colmatar a lacuna proteica, que é muito necessária atualmente.

REFERÊNCIAS

Abdel-Razek, F.A. (1988). Alguns estudos biológicos sobre o caranguejo egípcio *Portunus pelagicus* (Linnaeus, 1766). Ata Adriatica, 29 (1/2): 133-143.

Akbar, Z., Qasim, R. e Siddiqui, J.A. (1988). Variações sazonais na composição bioquímica do caranguejo comestível *(Portunus pelagicus* Linneaus) J. Isl. Acad. of Sci. 1:2, 127-133.

Al-Kholy, A.A. e El-Hawary, M.M. (1970). A biologia de *Lupa pelagica* (Linnaeus). Bull. Biol. Ins. Ocean. Fish. 1:397-423.

APHA (1995). The American Public Heath Association, Standard methods for the examination of water and waste water. 19ª edição, Washington DC.

Balasubramanian, C.P. e Suseelan, C. (2001). Composição bioquímica do caranguejo de águas profundas *Charybdis smithii,* Ind. J. Fish, 48(3): 333-335.

Barnard, K.H. (1950). Catálogo descritivo dos Crustacea sul-africanos (caranguejos e camarões). Ann. S. Afr. Mus, 38: 1-824.

Barns, H. e Blackstock, J. (1973). Estimativa de lípidos em animais e tecidos marinhos, investigação detalhada do método da sulfofosfovanilina para lípidos totais. J. Exp. Mar. Biol. and Ecol., 12: 103-118.

Batoy, C.B., Sarmago, J.F. & Pilapil, B.C. (1987). Época de reprodução, maturidade sexual e fecundidade do caranguejo-azul *Portunus pelagicus* (L.) em águas costeiras selecionadas em Leyte e arredores, Filipinas. An. Trop. Res., 2: 157-177.

Batoy, C.B., Pilapil, B.C. e Sarmago, J.F. (1988). Composição do tamanho, distribuição, relação comprimento-peso e alimento natural do caranguejo azul *Portunus pelagicus* (L.) em águas costeiras selecionadas em Leyte e arredores, Filipinas. An. Trop. Res., 10(3/4): 127-142.

Bawab, F.M. e El-Sherif, S.S. (1988). Fases do ciclo reprodutivo da fêmea do caranguejo *Portunus pelagicus* (Linnaeus, 1758) com base nas alterações anatómicas da espermateca. Crustaceana, 54:139-148.

(1989). Contribuições para o estudo da origem, natureza e formação do tampão na espermateca da fêmea do caranguejo *Portunus pelagicus* (Linnaeus, 1766) (Decapoda, Brachyura). Crustaceana, 57(1):9-24.

Bjerregaard, P. e Depledge, M. (2002). Trace metal concentrations and contents in the tissues of the shore crab *Carcinus maenas:* effects of size and tissue hydration. Mar. Biol., Vol. 141, No. 4, 741-752.

Boyden, C.R. (1977). Effect of size upon metal content of shellfish. J. Marine Biol. Ass. U.K., 57, 675-714.

Dubois, M., Giles, K.A., Hamilton, J.K., Rees, P.A. & Smith, F. (1956). Método colorimétrico para a determinação de açúcar e substâncias afins. Ann. Chem. 28: 350.

El-Moselhy K.H. (2006). Bioacumulação de mercúrio total em organismos marinhos do Lago Timsah e dos Lagos Amargos (Canal do Suez, Egito). Egito. J. Aqua. Res. 32(1). p. 124-134

El-Moselhy K.H. e Gabal, M.N. (2004). Trace metals in water, sediments and marine organisms from the northern part of Gulf of Suez, Red Sea. J. Mar. Sys. 46, 39-46.

Emara, A.M. (1999). Vigilância e estudos biológicos sobre os moluscos intertidais ao longo da costa ocidental do Golfo do Suez, Egito. Tese de doutoramento. Universidade de Tanta.

Gabr, H.R e Gab-Alla, A.A.F. (2007). Comparação da composição bioquímica e das propriedades organolépticas entre peixes selvagens e cultivados. J. Fish. Aqua. Sci. 2(1): 77-81.

Ghazaly, K.S. (1988). A bioacumulação de potenciais metais pesados nos tecidos dos animais marinhos comestíveis do Egito, Parte 1. Crustáceos. Bull. Biol. Ins. Ocean. Fish A.R.E. 4 (2): 71-77.

Joksas, K, Galkus, A. e Satakeniene. R. (2005). Geogological state of the Lithuanian offshore of the Baltic Sea, the lower beaches of Nemunas and the Cutonian lagoon. Ata Zoologica Lilloana. Vol. 15, No.2, 119-123.

Kangas, M.I. (2000). Sinopse da biologia e exploração do caranguejo azul *Portunuspelagicus* Linnaeus na Austrália Ocidental. Fish. Res. Rep. 121: 1-22.

Klein, B.P. e Bardy, P.L. (1984). Alimentos experimentais. Departamento de Nutrição Alimentar, Universidade de Illinois, E.U.A.

Latouche, Y. D. e Mix, M. C. (1982). The effect of depuration, size and sex on trace metals levels in Bay mussels. Mar. Poll. Bull. 13, 27-29.

Lawry, O.H., Rosebrough, A.L., Farr, A.L. & Randell, R.G. (1951). Medição de proteínas com folina - reagente de fenol. J. Biol. Chem. 193: 265-275.

Menon, M.K. (1952). A note on the bionomics and fishery of the swimming crab *Neptunus sanguinolentus* (Herbst) on the Malabar coast. J. Zool. Soc. of Ind. 4: 177184.

Pillay, K. K. e Nair, N. B. (1973). Observações sobre as alterações bioquímicas nas gónadas e outros órgãos de *Uca annulipes*, *Portunus pelagicus* e *Metapenaeus affinis* (Decapoda: Crustacea) durante o ciclo reprodutivo. Mar. Biol. 18, 167-198.

Radhakrishnan, C.K. eNatarajan, R. (1979). Valor nutritivo do caranguejo *Podophthalmus vigil* (Fabricius). Fish Tech. 16: 37-38.

Reddy, M.S., Mehta, B., Dave, S., Joshi, M. Samra, V.K.S., Basha, S., Ramachandraiah, G. e Bhatt, P. (2007). Bioacumulação de metais pesados em alguns peixes e caranguejos comerciais do Golfo de Cambay, Índia. Cur. Sci. Vol., 92, No.11,

10, 1489-1491.

Sadiq, M. e Alam, I. A. (1992). Bioacumulação de mercúrio por amêijoas *(Meretrix meretrix)* recolhidas na costa saudita do Golfo Arábico. Chem. Spec. and Bio. 4 (1): 9 - 17.

Sallam, W.S., Temraz, T.A. e Gabr, H.R. (2006). Composições bioquímicas e acumulação de metais pesados em alguns crustáceos comerciais da costa mediterrânica ao largo de Port Said, Egito. J. Egypt. G. Soc. Zool, (Inv. Zool. & Parasitol.) 51D: 127141.

Siddiquie, P.J.A.; Akbar, Z. e Qasim, R. (1987). Composição bioquímica e valores calóricos das três espécies comestíveis de caranguejos portunídeos de Karachi (Paquistão). Pak. J. Sci. Ind. Res. Vol. 30 (2). P: 119-121.

Stephenson, W., Hudson, J.J. e Campbell, B. (1958). The Australian Portunidae (Crustacea: Portunidae). II. O género *Charybdis*. Aust. J. Mar. Freshw. Res. 8: 491507.

Sumpton, W.D. (1990 a). Biologia do caranguejo-das-rochas *Charybdis natator* (Herbst) (Brachyura: Portunidae). Bull. Mar. Sci. 46(2): 425-431.

Sumpton, W.D. (1990b). Crescimento morfométrico e biologia pesqueira do caranguejo *Charybdis natator* (Herbst) em Moreton Bay, Austrália (Decapoda, Brachyura). Crustaceana. 59(2): 113-120.

Wang, H., Wu, H. Wang, Z., Wang, X e Wang, Sh. (2001). Biologia pesqueira de *Portunus pelagicus* (L) iniciando investigação. Mar. Sci. Haiyang-Kexue, 25 (1): 3639.

OMS, (1982). Toxicological evaluation of certain food additives, WHO Food Addit. Ser. No.17, Organização Mundial de Saúde, Genebra, 28-35.

Wittman, G. (1981). Toxic metals. In, Metal pollution in the aquatic environments, eds. Wittman, G. & Frostner. Springer Verlag, pp 486.

Zaghloul, S.S. (2003). Estudos sobre a biologia reprodutiva e a criação de caranguejos portunídeos na Baía de Suez. Tese de doutoramento, Suez, Universidade do Canal do Suez.

HETEROCEDASTICIDADE E LATERALIDADE NO CARANGUEJO NADADOR DE CRISTA *CHARYBDISNATATOR* DO GOLFO DE SUEZ, MAR VERMELHO

RESUMO

Foram estudados os fenómenos de heterocelularidade e de mão no caranguejo nadador *Charybdis natator,* que habita o Golfo do Suez, e relacionados com o hábito alimentar da espécie. Foram recolhidos 228 caranguejos e medidos quanto à largura da carapaça e à largura e comprimento das garras. Tratava-se de 152 machos e 76 fêmeas. Os machos eram maiores do que as fêmeas (109,9 versus 101,6 mm). A mão direita prevaleceu nos dois sexos (66,6%) sobre a mão esquerda (33,4%). A heterocelularidade e a lateralidade foram observadas mais cedo nos machos do que nas fêmeas (70-80 mm CW, 80-90 mm CW), respetivamente. Os declives das relações entre as dimensões das garras e o tamanho do corpo dos caranguejos destros foram consistentemente mais acentuados do que os dos canhotos em ambos os sexos, indicando um crescimento acelerado das garras em relação ao tamanho do corpo. Não foram observadas diferenças na composição da dieta entre os sexos, que consistia principalmente em presas de corpo duro. Discute-se o significado da heterocelularidade e da lateralidade na alimentação desta espécie.

INTRODUÇÃO

Os apêndices dos caranguejos estão dispostos de forma segmentar, com um par em cada segmento (Crothers, 1967). O par mais anterior de membros torácicos, as garras ou quelípedes, são alargados e quelados, tendo evoluído para apêndices muito diferentes das patas (Mearow & Govind, 1986). O quelípodo é um bom exemplo de um órgão multifuncional, cujas principais utilizações incluem a procura de alimentos, as interações agonísticas, a competição e a manipulação dos parceiros (Lee & Seed, 1991). Nos Brachyura, a assimetria bilateral devido a quelas morfologicamente diferentes é comum e é denominada heteroquelia (Elner, 1967). As duas quelas diferem normalmente em tamanho e forma e são designadas por maior e menor devido à diferença de tamanho. A garra maior (trituradora) é maior, mais robusta e tem uma dentição alargada semelhante a um molar. Serve para esmagar as presas utilizando a sua maior vantagem mecânica (Warner *et al.,* 1982). A garra menor (cortadora) é mais delgada, tem dentes do tipo incisivo na sua superfície de mordida e serve para manipular a presa usando movimentos mais finos e coordenados (Pynn, 1998). Por outro lado, a heterocelularidade nem sempre acontece, alguns caranguejos têm duas garras de corte, especialmente as fêmeas e os machos muito grandes (Hamilton et al., 1976). Vários estudos referem a relação entre a heterocelularidade e o hábito alimentar. As garras maiores (trituradoras), de ação lenta e potentes, desempenham um papel na aquisição de alimentos, nomeadamente na trituração de conchas de moluscos, enquanto as garras menores (cortadoras), de ação rápida mas mais fracas, são especializadas na captura de presas nadadoras (Ng e Tan, 1985, Daniels, 2001).

A mão ou lateralidade nos caranguejos foi registada em espécies que possuem garras dimórficas de tamanhos desiguais e foi determinada pelo lado onde se encontra a garra principal (Trott, 1967).

Em muitas espécies de caranguejos braquiúros heterocéfalos, verificou-se que a chela principal se encontra geralmente do lado direito (Ng & Tan, 1985; Abby-Kalio & Warner, 1989, Negreiros-Fransozo & Fransozo, 2003). Nalgumas espécies, a distribuição da mão direita e da mão esquerda é igual, ou seja, 50% direita: 50% esquerda (Halry, 1969; Shih et al., 1999). A inversão da mão ocorre quando um triturador é removido e a pinça restante diferencia-se num triturador após a muda. Um triturador perdido é sempre substituído por uma garra regenerada em forma de pinça (Juanes, *et al.,* 2008). Barnwell (1982) observou que a maioria dos caranguejos com garras de alimentação funcionalmente dimórficas inverte a mão após a perda do esmagador, uma vez que uma pinça pode transformar-se num esmagador numa única muda. Simonson e Steele (1981) mostraram que a inversão era bastante frequente (88%) na primeira muda após a perda do triturador em pequenos caranguejos-pedra juvenis.

A vantagem funcional da destreza dos caranguejos tem sido associada à alimentação (Elner, 1978; Ng, 1985; Abby-Kalio e Warner 1989; Seed e Hughes 1995). Sabe-se que o tamanho e a forma do quelípo dos caranguejos estão relacionados com o desempenho alimentar e, por conseguinte, influenciam os resultados das assembleias de presas (Silva *et al.,* 2010). Muitas espécies têm uma morfologia particular adaptada a uma utilização específica no processo de alimentação (Calverie & Smith, 2007). Por exemplo, as quelas podem ser adaptadas para quebrar a carapaça de presas em predadores dódófagos (Yamada & Boulding, 1998), gerar sons de estalo ou bolhas de cavitação para matar presas (Versulis et al., 2000) ou recolher sedimentos para alimentação (Crane, 1975). Os caranguejos detritívoros têm garras pequenas e finas (Seed e Hughes 1995), enquanto os carnívoros possuem quelas alargadas para facilitar a predação (Mariappan *et al.,* 2000).

O caranguejo nadador *Charybdis natator* (Herbst, 1794) (Brachyura: Portunidae) foi observado em quantidades consideráveis nas capturas de desembarque de crustáceos comerciais do Golfo do Suez (Sallam & Gaballa, 2009). Esta espécie atinge um tamanho consideravelmente grande e ambos os sexos apresentam heterocelularidade e lateralidade. Para além disso, nada se sabe sobre o hábito alimentar ou a dieta desta espécie. O objetivo do presente estudo é, portanto, investigar a heterocelularidade e a lateralidade no caranguejo nadador *Charybdis natator* e relacionar estes dois fenómenos com o hábito alimentar desta espécie.

MATERIAL E MÉTODOS

As amostras de *C. natator* foram recolhidas no porto de El-ataka, no Suez, entre março e junho de 2009. Os caranguejos foram retirados da captura, manuseados cuidadosamente para evitar a perda de membros, colocados em frascos de plástico e fixados em formalina a 10% em água do mar. Cada caranguejo foi examinado quanto ao sexo, à destreza (destro, RH ou canhoto, LH) e ao tipo de garra (trituradora ou cortadora). As medições incluíram a largura da carapaça (CW), a largura do própodo e o comprimento de ambas as quelas. Os caranguejos a que faltava uma das quelíparas foram excluídos da análise. Para a análise do conteúdo estomacal, o caranguejo foi cuidadosamente dissecado e o estômago retirado. Este foi aberto e o conteúdo examinado ao microscópio de dissecação. O conteúdo estava muito mastigado; no entanto, as diferentes presas encontradas foram identificadas ao nível taxonómico mais baixo possível.

A análise de covariância (ANCOVA) (Zar, 1984) foi utilizada para comparar os declives e as elevações das regressões para os destros e canhotos do sexo masculino e feminino, separadamente.

RESULTADOS

Mão:

Foi recolhido um total de 228 caranguejos, 152 machos (variação=70-148,0 mm CW) e 76 fêmeas (variação=74,2-130,5 mm CW). Em média, os machos eram maiores do que as fêmeas (109,9 vs. 101,6 mm). Dos caranguejos examinados, 152 (66,6%) tinham o propódeo e o dactilo direito aumentados (destros) e 76 (33,4%) tinham o propódeo e o dactilo esquerdo aumentados (canhotos). Não foram encontrados indivíduos homocéfalos. Entre os 152 machos, 101 (66,4%) eram destros e 51 (33,6%) eram canhotos, enquanto que entre as 76 fêmeas, 51 (67,1%) eram destras e 25 (33,6%) eram canhotas. Não foi observada diferença significativa entre os sexos quanto à lateralidade (X^2 = 3,80; P> 0,05). 100% do número total de indivíduos (tanto destros como canhotos) tinham quelípedes trituradores maiores e cortadores menores. Em geral, os caranguejos destros eram maiores do que os canhotos (média= 106,8 vs. 101,7) e os machos destros eram maiores do que as fêmeas destras (109,9 vs. 100,9); no entanto, as fêmeas canhotas eram maiores do que os machos canhotos (103,6 vs. 100,8) (Quadro 1).

Distribuição do tamanho e da mão:

A distribuição da destreza com os grupos de tamanho de *C. natator* (Fig. 1) mostra que as garras dos machos se diferenciaram em maiores e menores em tamanhos anteriores aos das fêmeas (70-80 mm CW, 80-90 mm CW), respetivamente. A destreza prevaleceu nos machos e nas fêmeas que se enquadram na gama de tamanhos 80-120 mm; no entanto, os machos canhotos eram mais numerosos do que os destros na gama de tamanhos pequenos (70-80 mm), enquanto todas as fêmeas com mais de 120 mm eram destras.

Relações entre as dimensões das garras e o tamanho do corpo:

As relações entre a largura das garras e o comprimento dos caranguejos destros e canhotos com a largura da carapaça são apresentadas na fig. (3) e as equações de regressão são apresentadas na tabela (2). Os declives das relações entre as dimensões das garras e o tamanho do corpo para os indivíduos destros foram consistentemente mais acentuados do que para os indivíduos canhotos, tanto para os caranguejos machos como para as fêmeas. Os resultados da ANCOVA mostraram que as maiores larguras das garras tiveram maiores elevações para os caranguejos machos e fêmeas destros do que para os canhotos. Em contrapartida, a largura das garras menores não apresentou diferenças de elevação entre indivíduos destros e canhotos ($P = 0{,}359$). A comparação entre os sexos mostrou que os machos destros sempre apresentaram declives mais acentuados do que as fêmeas para todas as dimensões das garras em relação à largura da carapaça (todos $P < 0{,}0001$).

Composição da dieta:

Dos 228 indivíduos examinados, 68 tinham conteúdo nos seus estômagos. Não foram observadas diferenças na composição da dieta entre machos e fêmeas. A Fig. 3 mostra as presas de ambos os sexos.

A dieta de *C. natator* consistiu em três itens alimentares básicos: crustáceos, particularmente caranguejos braquiúros (43,75%), seguidos de equinodermes representados por ouriços-do-mar (31,25%) e moluscos, principalmente gastrópodes (18,75%). Outros tipos de presas, como os foraminíferos, foram observados com uma ocorrência considerável (6,25%).

DISCUSSÃO

Os resultados do presente estudo confirmam as conclusões de Sumpton (1990a), segundo as quais o caranguejo nadador *Charybdis natator* (Herbst, 1794) é destro, com garras trituradoras maiores e garras cortadoras menores em ambos os sexos. *O caranguejo Charybdis affinis* do estuário de Zhujiang, na China, também mostrou uma predominância da mão direita (Chu, 1999). A predominância da mão direita foi registada em Xanthidae e Portunidae (Hamilton, *et al.,* 1976; Abby-Kalio & Warner, 1989, Yamaguchi, 1994). O carácter manual dos caranguejos com garras dimórficas foi examinado em várias espécies de decápodes braquiúros. Estes estudos revelaram que a chela maior (trituradora) está localizada predominantemente no quelípo direito em espécies que apresentam uma distribuição 1:1 de destros e canhotos (Hamilton *et. al.*, 1976; Barnwell, 1982; Jones & George, 1982; Ng & Tan, 1985). Trott (1987) sugeriu que a destreza é geneticamente fixada ao longo da vida do caranguejo fantasma pintado *Ocypode gaudichaudi*, enquanto Ladle e Todd (2006) propuseram uma predisposição genética para a destreza em *Carcinus maenas.*

Os machos *de C. natator* mostraram heterocelularidade e lateralidade num tamanho menor do que as fêmeas. Este facto está de acordo com outros estudos (Daniels, *et al.*, 2000; Juanes *et al.*, 2008) e pode ser explicado pelas diferenças de tamanho entre os dois sexos. O dimorfismo das quelas é um carácter sexual secundário que está relacionado com a puberdade dos caranguejos e aparece nas quelas masculinas, nos pleópodes e no abdómen feminino (Hartnoll, 1974). Durante a pré-puberdade, os quelípedes femininos apresentam geralmente um ligeiro crescimento alométrico positivo, enquanto os quelípedes masculinos apresentam um crescimento alométrico positivo mais forte. Na puberdade, o crescimento alométrico dos quelípedes dos machos torna-se ainda mais fortemente positivo, enquanto os das fêmeas continuam a crescer ao ritmo da pré-puberdade. No entanto, o abdómen largo da fêmea, que serve de câmara de criação, também apresenta um crescimento alométrico positivo durante a puberdade. O resultado do forte crescimento alométrico positivo dos quelípedes é um acentuado dimorfismo sexual do tamanho da quela (Hartnoll, 1974).

Foram encontradas diferenças consistentes nas alometrias das garras de machos e fêmeas de *C. natator*, bem como entre indivíduos destros e canhotos, sugerindo diferentes estratégias de crescimento das garras. Tanto os machos como as fêmeas destros mostraram um crescimento alométrico acelerado nas larguras e comprimentos maior (triturador) e menor (cortador) em comparação com os canhotos. Estes resultados estão de acordo com os de Abby-Kalio e Warner (1989), que verificaram que, tanto para as garras como para todas as dimensões (incluíram 2 dimensões adicionais: comprimento e largura do dactilo), os declives eram significativamente mais elevados para os caranguejos destros. O tamanho grande das garras confere uma série de vantagens aos caranguejos, e particularmente aos machos.

As garras maiores permitem que os caranguejos explorem uma maior variedade de tamanhos de presas e beneficiam os machos na competição agressiva pelas fêmeas durante a época de acasalamento (Juanes *et al.*, 2008). Do mesmo modo, a largura das garras é um melhor indicador da força das garras e o comprimento das garras é um melhor indicador do resultado de encontros agressivos e de um maior número de exibições visuais entre caranguejos verdes do que o tamanho do corpo (Lee & Seed, 1991).

Ao comparar as garras dos dois sexos de *C. natator*, os machos apresentaram maior crescimento alométrico do que as fêmeas. Resultados semelhantes foram registados para outros braquiúros (Crothers, 1967; Mariappan *et al.,* 2000; Daniels, 2001). Os caranguejos machos de muitas espécies afectam geralmente mais energia ao crescimento das garras, o que resulta num dimorfismo sexual acentuado no rácio tamanho das garras/tamanho do corpo (Juanes *et al.,* 2008). O autor explicou que os machos e as fêmeas enfrentam compromissos ecológicos no que respeita ao crescimento das garras. Por exemplo, as garras grandes, especialmente as trituradoras, são uma grande vantagem para os machos durante a época de acasalamento; para as fêmeas, a afetação de energia à produção de ovos e aos cuidados pode ser mais importante do que a afetação de energia ao aumento do tamanho das garras. A estratégia das fêmeas pode ser mais direcionada para a acumulação de reservas energéticas para o período de postura dos ovos, quando o sucesso da procura de alimentos é limitado. Por outro lado, Daniels (2001) afirmou que as garras grandes das fêmeas podem funcionar como um sinal de vitalidade sexual e força reprodutiva. Nos caranguejos de água doce, as fêmeas com garras maiores podem ser mais bem sucedidas no acasalamento e ter mais hipóteses de defender as crias em desenvolvimento contra o ataque de outros caranguejos.

C. natator é um predador que se alimenta principalmente de organismos de corpo duro. Este resultado está de acordo com Balasubramaian e Suseelan (1998) que referem que *Charybdis smithii* da Índia se alimenta de caranguejos bentónicos, moluscos gastrópodes e foraminíferos. A observação de que os caranguejos braquiúros foram a principal presa consumida pode inferir uma tendência canibal da espécie em estudo. Balasubramaian e Suseelan (1998) registaram que os adultos e os juvenis *de Charybdis smithii* eram canibais. A predominância de indivíduos destros com grandes garras trituradoras na população de *C. natator* pode ser explicada pela necessidade de maximizar a força de mordedura exercida sobre estas presas de corpo duro durante a alimentação. A heterocelularidade tem sido relacionada com a técnica de alimentação. Seed e Hughes (1995) afirmaram que, nos Brachyura predadores, a presença da chela maior do lado direito facilita a manipulação de presas moluscas de concha dura assimétricas. Elner (1978) explicou que, quando um caranguejo se alimenta de um mexilhão, a concha deve ser aberta e a carne extraída através de uma abertura estreita. Ng & Tan (1985) referiram que a destreza se deve ao facto de quase todas as conchas dos gastrópodes marinhos serem dextral e concluíram que os Portunídeos como *Thalamita spinimana*, *Portunus sanguinolentus* e *Charybdis Feriata* possuem dentes especializados presentes na base dos dedos da quela maior que funcionam como estruturas de descasque.

Em conclusão, a mão parece ser um fator importante na determinação do crescimento alométrico da garra e pode, por conseguinte, ser considerada como parte dos estudos morfométricos das populações naturais de caranguejos.

REFERÊNCIAS

Abby-Kalio N. J., Warner, G. F. (1989). Heterochely and handness in the shore crab *Carcinus maenas* (L.) (Crustacea: Brachyura). Journal of the Linnean Society of London. 96:19-26.

Balasubramanian, C.P. e Suseelan, C. (1998). Natural diet of the deep water crab *Chraybdis smithii* McLeay (Brachyura: Portunidae) of the seas around India. Indian Journal of Fisheries, 45 (4): 407 - 411.

Barnwell, F. H. (1982). The prevalence of male right-handedness in the Indo-West Pacific fiddler crab *Uca vocans* (Linnaeus) and *U. tetragonon* (Herbst)(Decapoda: Ocypodidae). Journal of Crustacean Biology 2: 70-83.

Calverie, T. & Smith, I. P. (2007). Significado funcional de um dimorfismo incomum de chela em um decápode marinho: especialização como arma. Proceedings of the Royal Society B. 271, 3033-3038.

Chu, K.H. (1999). Análise morfométrica e biologia reprodutiva do caranguejo *Charybdis affinis* (Decapoda: Brachyura: Portunidae) do estuário de Zhujiang, China. Crustaceana, 72 (7) 647 - 658.

Crane, J. (1975). Fiddler crabs of the world (Ocypodidae: genus *Uca)*. Princeton, NJ: Princeton University Press.

Crothers, J.H. (1967). The biology of the shore crab *Carcinus maenas* (L.); Field Studies. 2, 407 - 434.

Daniels, S. R. (2001). Crescimento alométrico, mão e variação morfológica em *Potamonautes warreni* (Calman, 1918) (Decapoda, Brachyura, Potamaunidae) com uma redescrição da espécie. Crustaceana, 74 (3): 237-253.

Elner, R. W. (1978). Os mecanismos de predação do caranguejo da costa, *Carcinus maenas* (L.), sobre o mexilhão comestível, *Mytilus edulis*. L. Oecologia (Berl.), 36, Pp. 333344.

Halry, S.R. (1969). Crescimento relativo e maturidade sexual do caranguejo-fantasma do Texas, *Ocypode quadrata* (Fabr.) (Brachyura, Ocypodidae). Crustaceana, 17: 285-297.

Hamilton, P.V., Nishimoto, R.T., e Halusky, J.G. (1976). Cheliped laterality in *Callinectes sapidus* (Crustacea: Portunidae). Biological Bulletin of the Marine Biology Laboratory, Woods Hole, 150, 393 - 401.

Hartnoll, R.G. (1974). Variação nos padrões de crescimento por caracteres sexuais secundários em caranguejos (Decapoda: Bracyhura). Crustaceana, 27 (2): 131 - 136.

Juanes, F. Lee. K.T., McKnight, A. e Kellog, K. (2008). Claw allometry in green crabs, *Carcinus maenas:* heterochely, handedness, sex. Marine Biology, 153:523528.

Jones, D.S. e George, R.W. (1982). Handedness in fiddler crabs as an aid in grouping of the genus *Uca* (Decapoda: Ocypodidae). Crustaceana, 43: 100-102.

Ladle, R.J. e Todd, P.A. (2006). Um modelo de desenvolvimento para prever as frequências de mão em caranguejos. Ata Oecologica, Vol. 30, 3, Pp. 283-287

Lee, S.Y. & Seed, R. (1991). Ecological implications of cheliped size in crabs: some data from *Carcinus maenas* and *Liocarcinus holsatus.* Marine Ecology Progress Series. Vol. 84, pp. 151-160.

Mariappan, P.; Balasundaram, C. e Scmitz, B. (2000). Decapod crustacean chelipeds: an overview. Journal of Bioscience. vol. 25.No.3, 301- 313.

Mearow, K.M. e Govind, C.K. (1986). Neuromuscular properties in serially homogenous lobster limbs. Journal of experimental Zoology, 239, 197-205.

Negreiros-Fransozo, M.L. & Fransozo, V. (2003). Estudo morfométrico do caranguejo-da-lama *Panopeus austrobesus* Williams 1983 (Decapoda, Brachyura) de um manguezal subtropical da América do Sul. Crustaceana, 76 (3): 281-294.

Ng, P.K.L. & Tan, L.W.H. (1985). Right handedness in heterochelous calappoid and xanthoid crabs - suggestion for a functional advantage. Crustaceana, 49 (1): 98-100.

Pynn, H.J. (1998). Chela dimorphism and handness in the shore crab *Carcinus maenas*. Field Studies, 9, 343-353.

Sallam, W. S. e Gab-Alla, A. A. (2009). Avaliação da comestibilidade do caranguejo nadador *Charybdis natator* (Brachyura: Portunidae) do Golfo do Suez, Mar Vermelho, Egito. Jornal Egípcio de Biologia Aquática e Pescas. Vol.13, No 1: 43-54.

Seed, R. e Hughes, R.N. (1995). Critérios de seleção do tamanho das presas em caranguejos moluscívoros com morfologias de garras contrastantes: Journal of Experimental Marine Biology and Ecology. 193, 177 - 195.

Shih, H.T.; Mok, H.-K.; Chang, H.-W. e Lee, S.C. (1999). Morfologia de *Uca formosensis* Rathbun, 1921 (Crustacea: Decapoda: Ocypodidae), um caranguejo violinista endémico de Taiwan, com notas sobre a sua ecologia. Estudos Zoológicos 38: 164-177.

Silva, A. C.; Silva, I. C.; Hawkins, S. J.; Boaventurab, D .M. e Thompson, R.C. (2010). Variação morfológica dos quelípedes do caranguejo intertidal *Eriphia verrucosa* em costas com diferentes exposições à ação das ondas. Journal of Experimental Marine Biology and Ecology. 391, 1-2, Pp. 84-91.

Simonson, J. L. e Steele, P. (1981). Cheliped asymmetry in the stone crabs, *Menippe mercenaria* with notes on claw reversal and regeneration, - Northwest Gulf Science 5; 21-30.

Sumpton, W.D. (1990a). Crescimento morfométrico e biologia pesqueira do caranguejo *Charybdis natator*, (Herbst) em Moreton Bay, Austrália (Decapoda, Brachyura). Crustaceana 59 (2). 113-120.

Trott, T. (1987). The prevalence of left-handedness in the painted ghost crab *Ocypode gauchaudii* H.Milne Edwards & Lucas (Decapoda, Brachyura, Ocypodidae). Crustaceana 52 (2) 213-215.

Versluis, M., Schmitz, B., Von der Heydt, A. e Lohse, D. (2000). Como os camarões estalam: através de bolhas cavitantes. Science, 289, 2114-2117.

Warner, G. F., Chapman, D., Hawkey, N. e Waring, D.G. (1982). Structure and function of the chelae and chela closer muscles of the shore crab *Carcinus meanas* (Crustacea: Brachyura). Journal of Zoology. London. 196, 431-438.

Yamada, S. B. & Boulding, E. G. 1998 Claw morphology, prey size selection and foraging efficiency in generalist and specialist shell-breaking crabs. J. Journal of Experimental Marine Biology and Ecology. 220, 191-211.

Yamaguchi, T. (1994). Estudos sobre a mão de *Macromedaeus distinguendus* e *Leptodius exaratus* (Brachyura: Xanthidae). - Crustacean Research 23: 74-78.

Zar, J. H. (1984). Biostatistical analysis. Prentice Hall International, 718 páginas.

Tabela 1: Intervalos de tamanho para machos e fêmeas *de Charybdis natator* com diferentes tipos de mão

Sex	Handedness	Size range CW (mm)	Mean ± SD	N
Males	Both	70 - 148.0	106.9 ± 18.8	152
	RH	74.7 – 142.8	109.9 ± 18.4	101
	LH	70 – 148.0	100.8 ± 18.2	51
Females	Both	74.2 – 130.5	101.6 ± 11.5	67
	RH	74.2 – 130.5	100.6 ± 11.9	51
	LH	82.5 – 118.4	103.6 ± 10.2	25
Both sexes	RH	74.7 – 142.8	106.8 ± 17.1	152
	LH	70 – 148.0	101.7 ±15.9	67

Legenda: DP= desvio padrão; N= número de indivíduos.

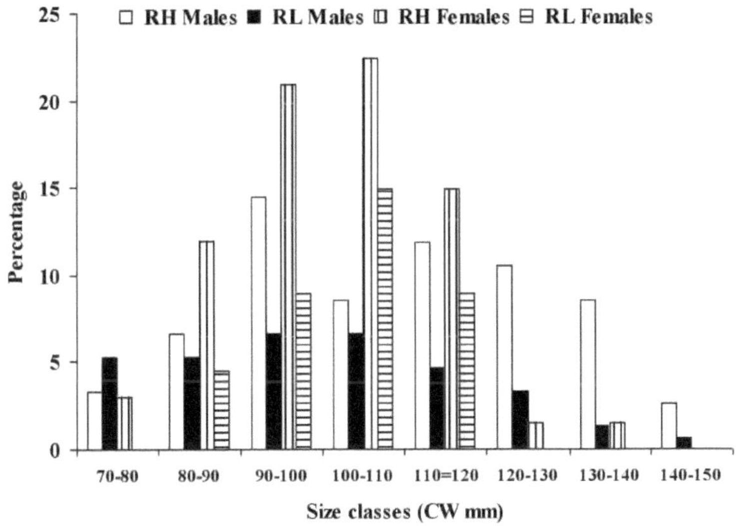

Fig.1. Distribuição de frequências de tamanhos para machos e fêmeas *de Charybdis natator* com diferentes mãos.

Tabela 2. *Charybdis natator*. Equações de regressão para logaritmo da largura e comprimento das garras versus logaritmo da largura da carapaça para machos e fêmeas com diferentes mãos.

Sex	Dimension	Handedness	Equation	r^2 value
Male	Major claw width	RH	Y= 1.3735X - 1.2782	0.95
		LH	Y= 1.2802X - 1.1125	0.91
		RH	Y= 1.223X - 1.0391	0.94
	Minor claw width	LH	Y= 1.2148X - 1.0342	0.85
		RH	Y= 1.3293X – 0.6946	0.95
		LH	Y= 1.3752X – 0.7974	0.95
	Major claw length	RH	Y= 1.3881X – 0.8114	0.75
		LH	Y= 1.3315X – 0.7221	0.93
Female	Minor claw length	RH	Y= 1.2049X – 0.9567	0.90
		LH	Y= 1.331X - 1.2452	0.88
		RH	Y= 1.1022X – 0.8302	0.88
		LH	Y= 1.1962X - 1.0331	0.91
	Major claw width	RH	Y= 1.1156X – 0.3163	0.93
		LH	Y= 1.1592X – 0.4129	0.91
		RH	Y= 0.9691X – 0.042	0.85
	Minor claw width	LH	Y= 1.9019X – 0.0811	0.91
	Major claw length			
	Minor claw length			

Legenda: r^2 = coeficiente de correlação.

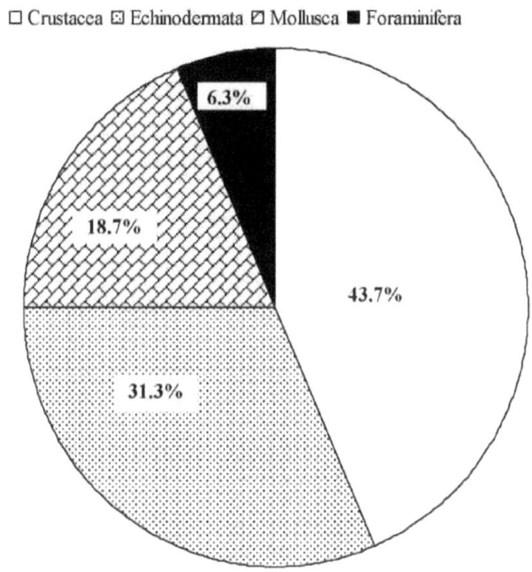

Fig. 3. Composição da dieta dos sexos combinados de *Charybdis natator.*

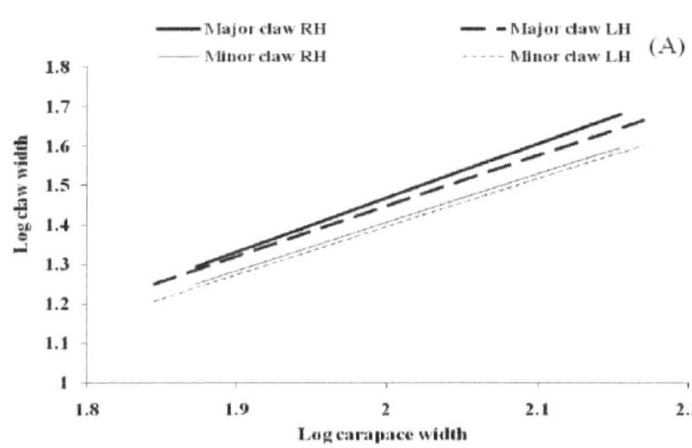

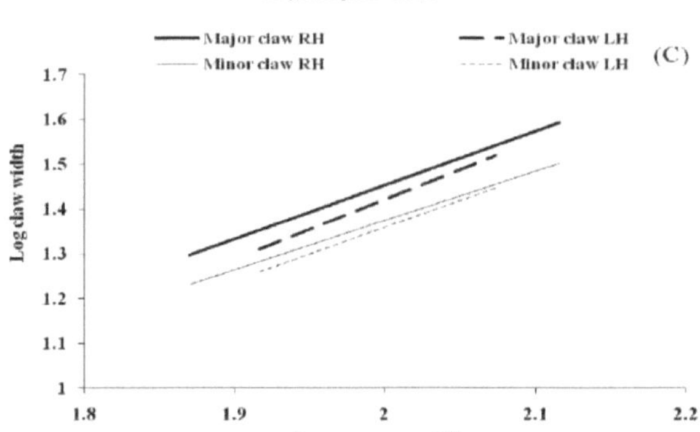

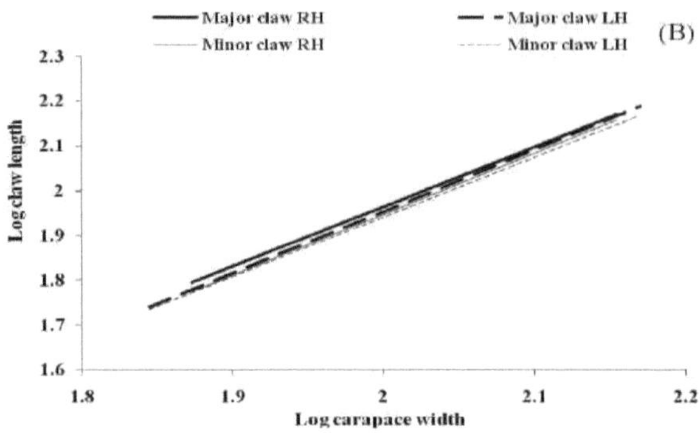

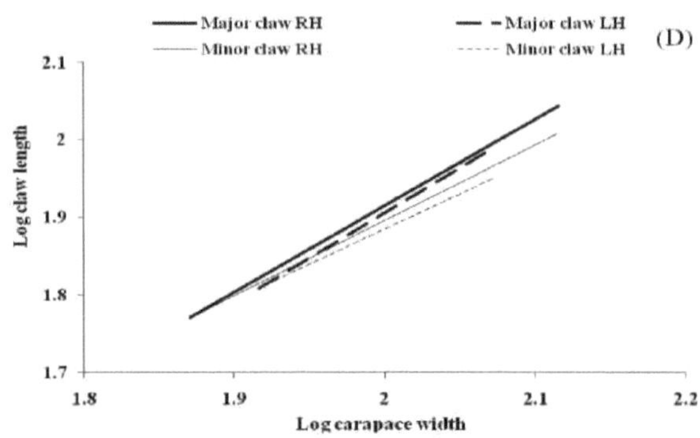

Fig. 2. *Charybdis natator*. Comparação das dimensões das garras do tronco com a largura da carapaça do tronco. Cada painel apresenta a largura ou o comprimento das garras. Os dois pares a negrito representam garras maiores, os pares simples são para garras menores. As linhas sólidas são para caranguejos destros, as linhas tracejadas/pontilhadas são para caranguejos canhotos. (A) e (B) machos, (C) e (D) fêmeas.

ESTUDO COMPARATIVO DO RENDIMENTO EM CARNE DE DUAS ESPÉCIES DE CARANGUEJOS ECONÓMICOS DO MAR MEDITERRÂNEO E DO CANAL DE SUEZ

RESUMO

As sapateiras *Callinectes sapidus* e *Portunus pelagians* são espécies de grande porte que pertencem à família Portunidae. Constituem uma parte das capturas de crustáceos que desembarcam no mar Mediterrâneo e no canal do Suez. *O Callinectes sapidus* em Damietta e na cidade de Al- Ismailia tem pouca popularidade entre os consumidores. *A espécie Portunus pelagicus*, na cidade de Al- Ismailia, tem uma popularidade muito elevada, assim como a mesma popularidade em muitas outras cidades egípcias. Os objectivos deste estudo foram os seguintes 1. Avaliar o rendimento da carne de *C. sapidus* e *P. pelagicus.* 2. Relacioná-lo com o tamanho e o estádio de maturidade do caranguejo. 3. Efetuar um estudo comparativo entre o rendimento em carne das duas espécies. Os espécimes foram recolhidos, classificados por sexo, examinados quanto ao desenvolvimento das gónadas, pesados e medidos antes e depois da cozedura a vapor durante 10-20 minutos. A quantidade de carne extraída das garras, dos pereópodes e do cefalotórax foi pesada e a percentagem de rendimento em carne calculada. A taxa de recuperação de carne de *Callinectes sapidus* foi mais elevada do que a de *Portunus pelagicus* (30,16% e 28,63%), respetivamente. Em ambas as espécies, os machos apresentaram uma percentagem mais elevada de rendimento total de carne, 32,5% para os machos e 27,7% para as fêmeas *de C. sapidus* e 28,70% para os machos e 28,56% para as fêmeas *de P. pelagicus.* A percentagem de rendimento de carne diminuiu com o desenvolvimento dos ovários das fêmeas. O estudo propõe o processamento da carne de *C. sapidus* como um método para a otimização da produção de carne deste recurso negligenciado.

INTRODUÇÃO

A remoção da carne de caranguejo é uma atividade intensiva em muitos países como o Vietname, a China, os EUA, o Japão e o Canadá (FAO-East fish Project, 1996). As espécies de braquiúros mais importantes comercialmente pertencem à família Portunidae (géneros *Callinectes* e *Portunus);* os géneros *Cancer* (família Cancridae) e *Chionoecetes* (família Majidae) são mais explorados nos EUA e no Canadá. Noutras zonas, algumas espécies de braquiúros têm sido utilizadas como marisco, dado o grande tamanho da fase adulta: por exemplo, os caranguejos dos costões rochosos *Menippe nodifrons* (Oshiro *et al.,* 1999), os caranguejos dos mangais *Cardisoma guanhumi* (Oliveira, 1949) e *Ucides cordatus* (Ogawa *et al.,* 1973).

O caranguejo-azul *Callinectes sapidus* é um importante produto da pesca de carapaça (Hattori *et al*., 2006) e a sua carne é utilizada como o principal marisco em muitos restaurantes de todo o mundo. A carne de caranguejo azul obtém normalmente bons preços no mercado devido ao seu elevado valor nutricional e ao seu fornecimento irregular (Qelik *et al.,* 2004). De acordo com Skonberg & Perkins (2002), a carne deste caranguejo tem uma grande variedade de ácidos gordos polinsaturados (PUFAs) nos seus tecidos.

Estes autores afirmam também uma associação entre o teor de AGPI e a redução da doença arterial coronária.

Além disso, os portunídeos são considerados uma fonte ideal de proteínas e são utilizados como um bom suplemento em rações para animais. O principal problema na produção de carne de caranguejo é o processo de remoção da carne (Sallam, 2009). No entanto, são raros na literatura os estudos sobre o rendimento em carne de sapateiras comestíveis. Esta informação poderia ajudar a desenvolver um processo de remoção de carne e melhorar a produção de carne de caranguejo à escala industrial.

O consumo regular de carne de caranguejo é comum no Egito, particularmente nas zonas costeiras. No entanto, a popularidade crescente dos produtos do mar levou à existência de uma procura forte e crescente de caranguejos. O caranguejo portunídeo *Portunus pelagians* (Linnaeus, 1758) sempre foi uma parte essencial das capturas comerciais no Mar Mediterrâneo e no Canal do Suez. Por outro lado, o *Callinectes sapidus* (Rathbun, 1896) existe em quantidades consideráveis nessa captura, mas não é tão popular como o *P. pelagians.*

Estes caranguejos estão a ser desembarcados em quantidades consideráveis nos centros de pesca de Al-Ismailia e Damietta, juntamente com outras espécies de crustáceos comerciais, como os camarões peneídeos. *O C. sapidus* não tem estimativas de pesca separadas, pelo que os seus dados de desembarque são incorporados nos de *P. pelagians.*

No entanto, a captura desta espécie pode variar entre 7 e 10 kg por barco na época de verão (julho-setembro). Infelizmente, este caranguejo tem uma baixa popularidade entre os consumidores (observação pessoal).

Os objectivos do presente trabalho são, portanto: 1. avaliar o rendimento da carne de *C. sapidus* e *P. pelagicus.* 2. Relacioná-lo com o tamanho e o estado de maturidade do caranguejo. 3. Efetuar um estudo comparativo entre o rendimento em carne das duas espécies.

MATERIAIS E MÉTODOS

As amostras de *Callinectes sapidus* foram recolhidas no Mar Mediterrâneo, na cidade de Damietta, enquanto as amostras de *Portunus pelagicus* foram recolhidas no mercado de peixe da cidade de Al-Ismailia, em novembro de 2014. A quantidade total de caranguejos azuis e de caranguejos nadadores azuis (7 kg e 10 kg) foi recolhida e mantida refrigerada até à transformação.

Os espécimes foram primeiro lavados e classificados por sexo, tendo em conta que os indivíduos com apêndices em falta eram excluídos, e depois foram pesados com uma balança de 0,01 gm e a largura da carapaça foi medida com um paquímetro Vernier, com uma precisão de milímetros. A carapaça foi ligeiramente levantada para examinar os ovários no seu lugar.

Os caranguejos foram cozinhados numa panela a vapor durante 20 a 35 minutos para o *C. sapidus* e durante 10 minutos para o *P. pelagicus* sem quaisquer aditivos e depois deixados arrefecer. Em seguida, os espécimes foram novamente pesados após a cozedura.

O estádio de maturação dos ovários foi determinado de acordo com o tamanho e a cor (Sallam, 2009).

Estádio 1, imaturo: ovário pequeno, fino e branco pálido;

Estádio 2, maturação: ovário razoavelmente grande e de cor amarela ténue;

Estádio 3, maduro: ovário grande e compacto, cor de laranja brilhante;

Estádio 4, maduro: ovário muito grande, de cor laranja vivo a vermelho.

A carne das garras, dos pereópodes e do cefalotórax foi retirada com uma espátula e uma pinça e pesada separadamente. O teor de água corporal (humidade) foi expresso como a diferença de peso antes e depois da cozedura. A percentagem de rendimento em carne foi calculada através desta equação:

$$\text{Percentage Meat Yield} = \frac{\text{Total weight of the meat extracted}}{\text{Weight of the crab after cooking}} \text{ X } 100$$

RESULTADOS

Callinectes sapidus

Foi recolhido um total de 26 espécimes de *Callinectes sapidus*, dos quais 12 machos e 14 fêmeas. Os machos eram maiores em largura de carapaça e mais pesados em peso total do que as fêmeas (110,3 - 200,5 mm CW, 93,7 - 441,3g e 78,4 - 170,5 mm CW, 35,05 - 162,65g) respetivamente, os machos tinham maior percentagem de conteúdo de água do que as fêmeas (12,5%, 10,13%) respetivamente. A figura 1 mostra a composição percentual média das diferentes partes do corpo de *C. sapidus*. Os machos apresentaram uma percentagem mais elevada de conteúdo de carne e uma percentagem mais baixa de partes não comestíveis do que as fêmeas (32,5%, 27,7%, 55%, 62,17%), respetivamente.

No total, a percentagem de rendimento de carne recuperada do cefalotórax das fêmeas foi significativamente mais elevada do que a dos machos (61,9%, 54%), respetivamente. No entanto, os machos foram superiores às fêmeas nas percentagens de rendimento de carne recuperada das garras e dos pereópodes (36,6%, 29%, 9,3%, 8,9%), respetivamente. (Fig.2)

As variações nas percentagens médias de rendimento de carne com os diferentes tamanhos e pesos dos machos são apresentadas no (Quadro 1). O rendimento em carne aumentou com o aumento da largura da carapaça e do peso dos machos.

Verificou-se um aumento progressivo dos valores médios desde o tamanho e peso mais pequenos (110,3 mm CW, 93,7 gm) até à média máxima (35%), atingida no intervalo de tamanho 200-210 mm CW. Subsequentemente, as percentagens tornaram-se mais ou menos elevadas com o aumento do tamanho e do peso do corpo.

Houve variações nas percentagens médias de produção de carne com os diferentes estádios de maturidade das fêmeas, como se pode ver na tabela 2. Os valores aumentaram no primeiro e segundo estádios (30,7%, 27,51%) e depois diminuíram no terceiro estádio de desenvolvimento gonadal (27,39%).

Portunus pelagicus

Foi recolhido um total de 82 espécimes de *Portunus pelagicus*, dos quais 45 machos e 37 fêmeas. As fêmeas eram maiores e mais pesadas do que os machos (84,9 - 140,8 mm CW, 41,35 - 197 e 81,3 - 112,3 mm CW, 41,4 - 120,3), respetivamente, e os machos tinham uma percentagem de teor de água inferior à das fêmeas (10,30%, 10,36%), respetivamente. A figura 3 mostra a composição percentual média das diferentes partes do corpo de *P. pelagicus*. Os machos apresentaram uma percentagem mais elevada de conteúdo de carne e uma percentagem mais baixa de partes não comestíveis do que as fêmeas (28,70%, 28,56%, 61%, 61,08%), respetivamente.

No total, a percentagem de rendimento de carne recuperada do cefalotórax das fêmeas foi significativamente mais elevada do que a dos machos (59%, 48,7%), respetivamente.

No entanto, os machos foram superiores às fêmeas nas percentagens de rendimento de carne recuperada das garras e dos pereópodes (37,6%, 29%, 13,6%, 12%), respetivamente. (Fig.4)

As variações nas percentagens médias de rendimento de carne com os diferentes tamanhos e pesos dos machos são apresentadas no (Quadro 3). O rendimento em carne aumentou com o aumento da largura da carapaça e do peso dos machos. Verificou-se um aumento progressivo dos valores médios a partir do tamanho e peso mais pequenos (81,3 mm CW, 41,4 gm) até à média máxima (30%) atingida na gama de tamanhos 110-120 mm CW. Subsequentemente, as percentagens tornaram-se mais ou menos elevadas com o aumento do tamanho e do peso do corpo.

Houve variações nas percentagens médias de rendimento de carne com os diferentes estádios de maturidade das fêmeas, como se pode ver na tabela 4. Os valores aumentaram no segundo e terceiro estádios (31,70%, 28,87 %) e depois diminuíram no primeiro estádio de desenvolvimento gonadal (28,15%).

DISCUSSÃO

O caranguejo azul *Callinectes sapidus* Rathbun (1896) e o caranguejo nadador azul *Portunus pelagicus* Linnaeus (1758) são espécies de grandes dimensões que pertencem à família Portunidae. Constituem uma parte das capturas de crustáceos que desembarcam no Mar Mediterrâneo e no Canal do Suez. *O Callinectes sapidus* na cidade de Damietta é pouco apreciado pelos consumidores, embora seja muito apreciado noutras cidades, como Port Said e Alexandria (observação pessoal). *A espécie Portunus pelagicus*, na cidade de Al- Ismailia, tem uma popularidade muito grande entre os consumidores, embora também tenha a mesma popularidade em muitas outras cidades egípcias.

Callinectes sapidus tem nomes comuns diferentes nas diferentes cidades. Em Damietta é conhecido como (caranguejo das rochas) devido ao substrato rochoso onde esta espécie está a ser pescada. O mesmo nome comum foi registado para o caranguejo de crista *Charybdis natator* do Golfo de Suez, Mar Vermelho (Sallam & Gab-Alla, 2009).

No presente estudo, o rendimento cárneo de *C. sapidus* e *P. pelagicus* foi analisado considerando todas as estruturas morfológicas (cefalotórax, garras e pereópodos) que são comumente utilizadas para consumo humano.

As mesmas etapas do processo de extração da carne que foram aplicadas no presente estudo foram utilizadas anteriormente para a determinação do rendimento da carne do caranguejo *Charybdis natator* do Golfo de Suez, Mar Vermelho, Egito (Sallam, 2009); e para a determinação da composição proximal do caranguejo azul *Callinectes sapidus* da lagoa Akyatan, Mar Mediterrâneo, Turquia (Kucukgulmez, et.al, 2002).

Em ambas as espécies, os machos apresentaram maior porcentagem de rendimento total de carne, 32,5% para machos e 27,7% para fêmeas *de C. sapidus* e 28,70% para machos e 28,56% para fêmeas *de P. pelagicus.* Estes resultados são comparáveis aos relatados para *Callinectes bocourti* de Iguape, São Paulo, Brasil (Hattori, et.al, 2006). O autor relatou que 28,5% da carne foi recuperada dos machos, enquanto 22,1% foi recuperada das partes do corpo das fêmeas. Wu, et.al, (2010) relataram que os machos de *Portunus pelagicus* da costa noroeste da ilha de Hainan tiveram maior rendimento de carne do que as fêmeas.

O quadro 5 apresenta uma comparação entre os resultados actuais e os resultados obtidos para outras espécies de sapateira.

Brown (1986) apresentou um relatório sobre a taxa de recuperação da carne de outros portunídeos comerciais e verificou que a taxa média de recuperação da *Scylla serrata* era de 29% no *sudeste de Queensland,* na Austrália.

Em contrapartida, os nossos resultados mostram que *Callinectes sapidus* e *Portunus pelagicus* tiveram uma taxa de recuperação de 30,16% e 28,63%, respetivamente.

O rendimento cárneo recuperado do cefalotórax foi maior nas fêmeas das duas espécies estudadas do que nos machos. O oposto ocorre com o rendimento de carne recuperada das garras e pereópodos dos machos que foram superiores aos das fêmeas. Yomar-Hattori, et.al, (2006) obtiveram resultados semelhantes para *Callinectes bocourti* de São Paulo, Brasil e concluíram que o rendimento em carne dos quelípedes depende principalmente da sua morfologia. (Sallam, 2009 e Boblemann et al., 2007) relataram que as garras do caranguejo são em grande parte preenchidas com músculos e tecidos conectivos que são responsáveis por uma musculatura poderosa e que os quelípedes dos machos são muito duros e fortemente mineralizados, enquanto os das fêmeas são menos mineralizados e mais elásticos, portanto mais leves e menos duros.

Harlioglu e Guner (2006) afirmaram que as alterações no rendimento da carne podem ser devidas às condições de maturidade e tamanho das gónadas.

A diminuição do rendimento em carne das fêmeas com maior desenvolvimento gonadal (quadro 2, 4) apoia a hipótese da associação do rendimento em carne com a maturação dos ovários.

Por outro lado, a percentagem mais elevada de partes não comestíveis registada nas fêmeas é superior à dos machos para as duas espécies diferentes. Este resultado é comparável ao registado para o caranguejo de crista *Charybdis natator* (Sallam, 2009).

Foi referido que os portunídeos têm geralmente melhores valores de rendimento de carne do que outros braquiúros (Yomar-Hattori, et.al, 2006). Embora *o Callinectes sapidus* constitua apenas uma pequena proporção da captura local de caranguejo no Mar Mediterrâneo, o elevado rendimento em carne, particularmente no cefalotórax, torna-o um excelente candidato para a expansão do mercado.

Esta proposta deve ser acompanhada de estratégias de exploração correta deste caranguejo para garantir a sua sustentabilidade. Essas estratégias incluem:

1- Alargar a comercialização desta espécie. Para o efeito, os caranguejos podem ser introduzidos em quantidades consideráveis em todos os mercados de peixe das províncias do Canal do Suez. Devem ser envidados esforços para aumentar a sua popularidade junto dos consumidores.

2- A sensibilização dos comerciantes e dos clientes para o elevado rendimento de carne desta espécie poderia contribuir para a sua popularização.

3- Apresentando aos consumidores de forma processada. Isto poderia ser vantajoso em termos de ajudar a preencher a lacuna de proteínas de que a nossa comunidade está a sofrer. A relutância dos consumidores em comprar este caranguejo pode ser ultrapassada convencendo-os

Os consumidores preferem consumir a carne transformada do caranguejo em vez de se darem ao trabalho de manipular o organismo inteiro.

4- Considerando esta espécie como uma boa candidata para ser cultivada. Considerando o facto de esta espécie ter sido observada a sobreviver juntamente com peixes cultivados numa das explorações em Damietta, os ensaios de cultivo poderiam ser efectuados, pelo menos em pequena escala.

A aceitação de uma espécie para comercialização e transformação depende do seu tamanho, dureza da carapaça, rendimento em carne e sabor (Sallam, 2009). Consequentemente, *o C. sapidus* seria um bom candidato com base na percentagem considerável de carne recuperada, na dureza da carapaça e na aceitabilidade.

Em conclusão, a otimização do rendimento em carne deste novo recurso, ainda que negligenciado, parece ser uma necessidade. Por outro lado, as partes não comestíveis poderiam ser utilizadas para a alimentação de aves de capoeira ou peixes ou como fertilizante do solo.

Este estudo recomenda que a exploração adequada da carne de *C. sapidus* poderia ser efectuada através da realização de mais investigações para uma avaliação completa da sua comestibilidade. Essas investigações devem incluir a avaliação das qualidades organolépticas da espécie, a acumulação de poluentes nos seus órgãos corporais, bem como a determinação da composição bioquímica das diferentes partes do corpo.

REFERÊNCIAS

Ayas, D. e Ozogul, Y. (2011). A composição química da carne da carapaça do caranguejo azul *(Callinectes sapidus,* Rathbun 1896) sexualmente maduro na Baía de Mersin. *Journal of Fisheries Science,* 5(3): 262-269.

Ayas, D. e Ozogul, Y. (2011). A composição química do caranguejo nadador azul *(Portunus pelagicus,* Linnaeus 1758) sexualmente maduro na Baía de Mersin. *Journal of Fisheries Science*, 5(4): 308-316.

BoBelmann, F., Romano, P., Fabritius, H., Raabe, D. e Epple M. (2007). A composição do exosqueleto de dois Crustacea: A lagosta americana *Homarus americanus* e o caranguejo comestível *Cancer pagurus. Thermochimica Ata,* Vol. 463, No. 1-2, 56-68.

Bilgin, 8. e Fidanba§, Z. U. C. (2011). Propriedades nutricionais do caranguejo *(Potamon potamios* Olivier, 1804) no lago de Egirdir (Turquia). *Pakistan Veterinary Journal,* 31(3): 239-243.

Baklouti, S., Derbali, A., Dhieb, K., Kammoun, W. e Jarboui, O. (2013). Composição Proximada e sua Sazonalidade do Caranguejo Verde do Mediterrâneo: *Carcinus aestuarii* Nardo, 1847 (Brachyura, Portunidae), nas águas do sul da Tunísia (Mediterrâneo Central). *Journal of Marine Biology* Volume 2013, Artigo ID 989467, 6 páginas.

Celik, M., Tureli, C., Celik, M., Yanar, Y., Erdem U. e Kucukgulmez, A. (2004). Composição em ácidos gordos do caranguejo azul *(Callinectes sapidus* Rathbun, 1896) no nordeste do Mediterrâneo. *Food Chemistry* 88 (2004) 271-273.

Da Costa, T. V., Oshiro, L. M. Y. e Flor, H. D. R. (2012). Composição química da parte comestível e dos resíduos de Brachyurans. *Journal of Agricultural Science and Technology* A 2 (2012) 690-695.

GOkodlua, N. e Yerlikaya, P. (2003). Determinação da composição proximal e do teor de minerais do caranguejo azul (*Callinectes sapidus*) e do caranguejo nadador (*Portunus pelagicus)* capturados no Golfo de Antalya. *Food Chemistry* 80 (2003) 495-498.

Hamsa, K.M.S.A. (1990). Sobre o teor de carne de *Portunus pelagicus* com algumas observações sobre a periodicidade lunar em relação à abundância, peso e muda. *Indian Journal of Fisheries,* vol.25, no.1-2, pp.165-170.

Harlioglu, M. M. e Guner, U. (2006). Estudos sobre o lagostim recentemente descoberto, *Austropotamobius torrentium* (Shrank, 1803), na Turquia: Análise morfológica e rendimento de carne. *Aquaculture Research,* Volume 37, Número 5, páginas 538-542.

Ibrahim, A. M. e Khalil, M. T. (2009). O lagostim vermelho do pântano no Egito. (Um crustáceo invasor de água doce que se espalha rapidamente). *Publicação do Centro de Investigação e Estudos de Protectorados, Universidade Ain Shams* (n.º 11), pp. 153.

Kucukgulmez, A., Celik, M., Yanar, Y., Ersoy, B. e Cikrikci, M. (2006). Composição aproximada e conteúdo mineral da carne do peito, da garra e do hepatopâncreas do caranguejo azul (*Callinectes sapidus*). *International Journal of Food Science and Technology* 2006, 41, 1023-1026 1023.

Kala, J. K. L. e Chandran M. (2013). Composição química de caranguejos Brachyuran de vários ambientes. *Jornal Internacional de Ciências Farmacêuticas e Biológicas* 2014 Out; 5 (4): (B) 612 - 620.

Skonberg, D. T. e Perkins, B. L. (2002). Composição nutricional da carne da perna e da garra do caranguejo verde (*Carcinus maenus*). *Food Chemistry* 77 (2002) 401-404.

Sallam, W. S. e Gab-Alla, A. F. A. (2009). Avaliação da comestibilidade do caranguejo nadador *Charybdis natator* (Brachyura: Portunidae) do Golfo do Suez, Mar Vermelho, Egito. *Egypt Journal of Aquatic Biology and Fisheries,* Vol. 13, No 1:43 54.

Stanek, M., Kupcewicz, B., Dabrowski, J. e Janicki, B. (2010). Estimativa do teor de gordura e do perfil de ácidos gordos na carne de bochechas espinhosas

lagostins-do-rio *(Orconectes limosus* raf.) do rio Brda e do lago Goplo. *Jornal Central da Agricultura Europeia.* Volume 11 (2010) No. 3 (297-304).

Sallam, W. S. (2010). Rendimento de carne do caranguejo de crista *Charybdis natator* (Brachyura: Portunidae) do Golfo do Suez, Mar Vermelho. Proc. 6th *Conferências Internacionais de Ciências Biológicas* (zool), 6: 272-280.

Soundarapandian, P., Varadharajan, D. e Sivasubramanian, C. (2013). Composição mineral do caranguejo comestível, *Charybdis Natator* Herbst (Crustacea: Decapoda). *Jornal de Bioanálise e Biomedicina 5:* 099-101.

Tureli, C., Çelik, M., Erdem, U. (2000). Comparação da Composição da Carne e do Rendimento do Caranguejo Azul *(Callinectes sapidus* RATHBUN, 1896) e do Caranguejo da Areia *(Portunus pelagicus* Linne, 1758) Capturados na Baía de Iskenderun, Nordeste do Mediterrâneo. *Turkey Journal of Veterinary and Animal Science* 24 (2000) 195-203.

Thompson, K. R., Muzinic, L. A., Yancey, D. H., Webster, C. D., Rouse, D. B. e Xiong, Y. (2004). Crescimento, medidas de processamento, rendimento da carne da cauda e composição proximal da carne da cauda de machos e fêmeas do lagostim australiano de garras vermelhas, *Cherax quadricarinatus*, armazenados em tanques de terra. *Jornal de Aquacultura Aplicada*, Vol. 16(3/4).

Wu, X., Zhou, B., Cheng, Y., Zeng, C., Wang, C. e Feng, L. (2010). Comparação das diferenças de género na composição bioquímica e no valor nutricional de várias partes comestíveis do caranguejo nadador azul. *Journal of Food Composition and Analysis,* 23 (2). pp. 154-159.

Yomar-Hattori, G., Sampaio-Sant'Anna, B. e Amaro-Pinheiro, M. A. (2006). Rendimento de carne de *Callinectes bocourti* A. Milne Edwards, 1879 (Crustacea, Portunidae) em Iguape, São Paulo, Brasil. *Investigações Marinas,* Vol. 34(2), 231-236.

Zafar, M., Siddiqui, M. Z. e Abdul Hoque, M. (2004). Biochemical composition in *Scylla serrata* of Chakaria Sundarban area, *Bangladesh. Jornal de Ciências Biológicas do Paquistão.* 7(12): 2182-2186.

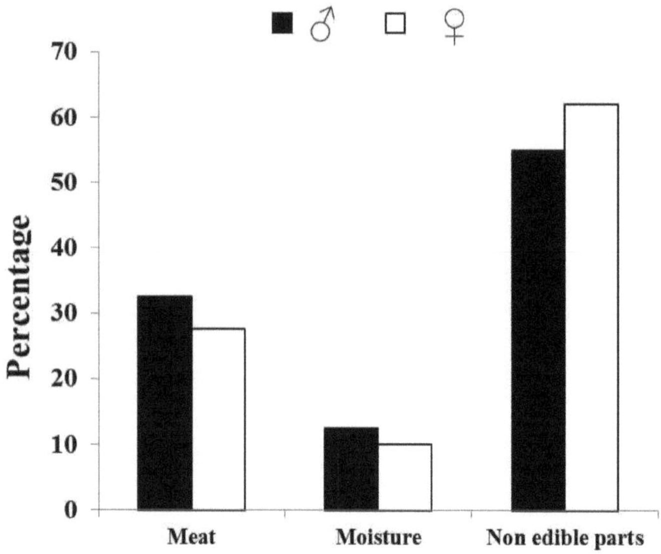

Fig.1. Composição percentual das diferentes partes do corpo de machos e fêmeas de *Callinectes sapidus.*

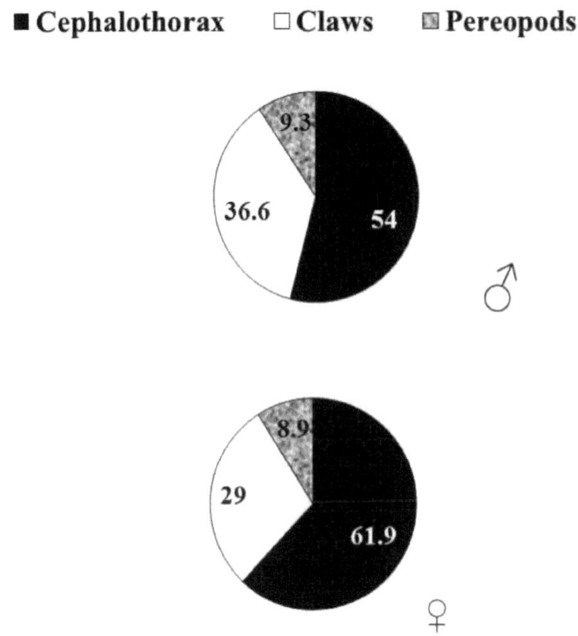

Fig.2. Percentagens de rendimento de carne recuperada das diferentes partes do corpo de machos e fêmeas de *C. sapidus*.

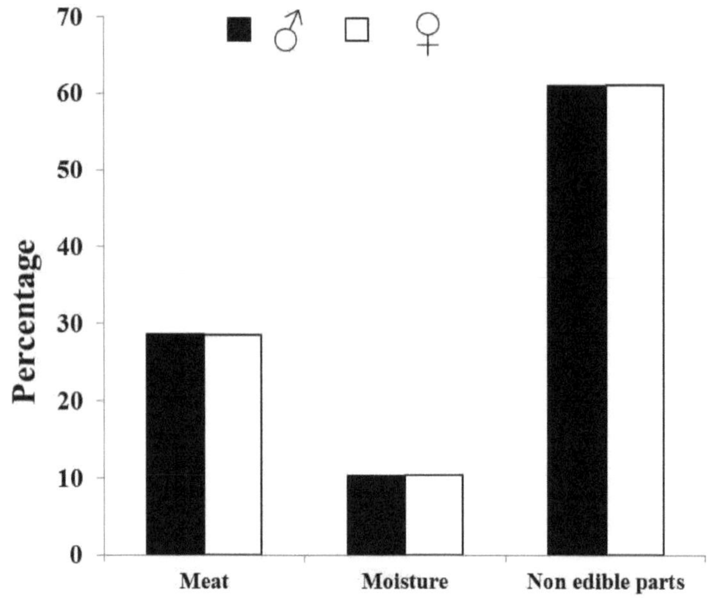

Fig.3. Composição percentual das diferentes partes do corpo de machos e fêmeas de *Portunus pelagicus*.

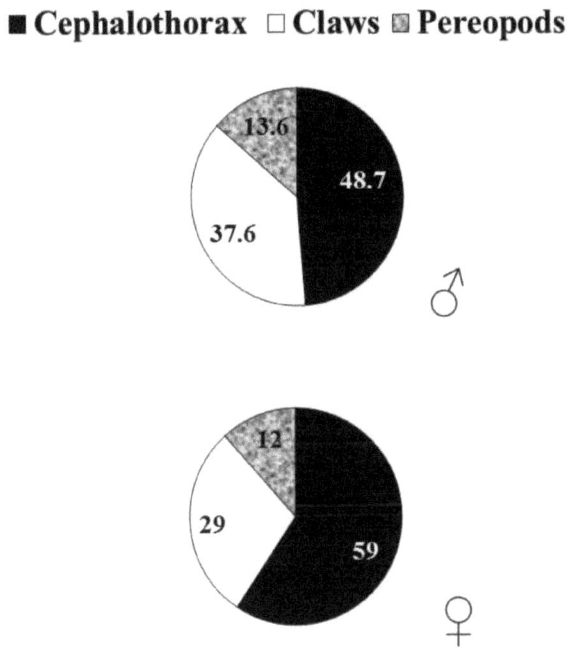

Fig.4. Percentagens de rendimento de carne recuperada das diferentes partes do corpo de machos e fêmeas de *P. pelagicus*.

Tabela 1. Variações das percentagens médias de rendimento de carne com os diferentes tamanhos e pesos dos machos *Callinectes sapidus*.

Size range (mm)	CW (mm)			WW(gm)			Mean % Meat Yield			N
	min	max	mean	min	max	mean	min	max	mean	
110-120	110.3			93.7			32.22			1
120-130	-----------			----------			---------			---
130-140	131.2	139.1	134.88	160.75	211.1	188.79	29.24	35.28	31.85 8	5
140-150	142.4			205.35			32.79			1
150-160	150.6	153	152.13 3	219.95	246.35	230.7	32.33	34.35	33.13	3
160-170	-----------			----------			---------			---
170-180	------------			----------			---------			---
180-190	------------			----------			---------			---
190-200	194.6			340.45			31.95			1
200-210	200.5			441.3			35.03			1

Legenda: CW= Largura da carapaça, WW= Peso húmido, N= Número de indivíduos em cada categoria.

Tabela 2. *Callinectes sapidus*. Variações das percentagens médias de rendimento de carne com os diferentes estádios de maturação das fêmeas em relação ao tamanho e ao peso.

Maturity stage	CW(mm)			WW(gm)			Mean % Meat Yield			N
	min	max	mean	min	max	mean	min	max	mean	
1st	78.4			35.05			30.7			1
2nd	125.5	170.05	144.08 1	85.35	149.9	132.7	24.64	28.52	27.51	8
3rd	141.3	152.9	147.58	131.75	162.65	147.31	26.22	28.54	27.39	5

Legenda: CW= Largura da carapaça, WW= Peso húmido, N= Número de indivíduos em cada categoria.

Tabela 3. Variações das percentagens médias de rendimento de carne com os diferentes tamanhos e pesos dos machos *de Portunus pelagicus.*

Size range (mm)	CW (mm)			WW(gm)			Mean % Meat Yield			N
	min	Max	mean	min	max	mean	min	max	mean	
80-90	81.3	89	86.4	41.45	57.15	48.27	20.11	38.17	28.7	11
90-100	90.6	99.8	94.82	52.4	78.4	64.29	21.86	41.05	28.53	10
100-110	100.0 8	109.7	104.7	74.9	120.3	89.35	18.14	37.44	28.45	19
110-120	110.6	112.3	111.44	88.75	118.55	107.13	27.69	34.58	30.02	5

Legenda: CW= Largura da carapaça, WW= Peso húmido, N= Número de indivíduos em cada categoria.

Tabela 4. *Portunus pelagicus.* Variações das percentagens médias de rendimento de carne com os diferentes estádios de maturidade das fêmeas em relação ao tamanho e ao peso.

Maturity stage	CW(mm)			WW(gm)			Mean % Meat Yield			N
	min	Max	mean	min	max	mean	min	max	mean	
1st	84.9	132.3	105.93	41.35	162.6	86.72	16.61	37.02	28.15	28
2nd	101.3	140.8	122.4	75.35	197	137.4	28.67	33.39	31.70	3
3rd	89.6	113.7	101.53	52	86.6	71.85	25.96	31.48	28.87	6

Legenda: CW= Largura da carapaça, WW= Peso húmido, N= Número de indivíduos em cada categoria.

Tabela 5. Composição percentual das diferentes partes do corpo de *Callinectes sapidus* e *Portunus pelagicus*.

Percentage (%)		*Callinectes sapidus*		*Portunus pelagicus*	
		♂	♀	♂	♀
Meat yield	Cephalothorax	54	61.9	48.7	59
	Claws	36.6	29	37.6	29
	Pereopods	9.3	8.9	13.6	12
	Meat yield%	**32.5**	**27.7**	**28.70**	**28.56**
Moisture content		**12.5**	**10.13**	**10.30**	**10.36**
Non edible parts		**55**	**62.17**	**61**	**61.08**

Tabela 6. Comparação entre as percentagens médias de rendimento de carne recuperada das diferentes espécies de sapateira.

Family	Species	Author	Meat Yield (%)		Total (%)
			Males	Females	
Portunidae	***Callinectes sapidus* (Rathbun, 1896)**	**Present study**	**32.56**	**27.70**	**30.16**
	***Portunus pelagicus* (Linnaeus, 1758)**	**Present study**	**28.7**	**28.56**	**28.63**
	Callinectes sapidus (Rathbun, 1896)	Tureli et. al., (2000)	66.67	57.19	_
	Portunus pelagicus (Linnaeus, 1758)	Brown (1986)	_	_	39.0
	Portunus pelagicus (Linnaeus, 1758)	Tureli et. l., (2000)	41.99	28.23	_
	Charybdis natator (Herbst, 1789)	Sumpton (1990)	_	_	35.0
	Charybdis natator (Herbst, 1789)	Sallam (2009)	35.8	36.6	36.1
	Callinectes bacourti (Milne Edwards, 1879)	Yomar-Hattori et. al., (2006)	28.5	22.1	23.4
	Scylla serrata (Forskal, 1775)	Brown (1986)	_	_	29.0
Menippidae	*Menippe nodifrons* (Stimpson, 1859)	Oshiro et. al., (1999)	22.2	21.0	_
Gecarcinidae	*Caridosoma guanhumi* (Latreille, 1825)	Oshiro et. al., (1999)	18.0	21.5	_
Ocypodidae	*Ucides cordatus* (Linneaus, 1763)	Ogawa et. al., (1973)	22.6	20.9	21.2
	Ucides cordatus (Linneaus, 1763)	Fiscarelli (2004)	25.4	21.1	23.2
Majidae	*Chionoecetes opilio* (Fabricius, 1788)	Sims et. al., (1980)	_	_	41.8
	Chionoecetes opilio (Fabricius, 1788)	Dufour et.al., (1799)	_	_	42.7

MIX
Papier aus verantwortungsvollen Quellen
Paper from responsible sources
FSC® C105338

Printed by Books on Demand GmbH, Norderstedt / Germany